NANCY WENDLER

DAS PFEIFENSPIEL

In fünf Schritten zum erfolgreichen Rückruf

KOSMOS

INHALT

Mehr entdecken, mehr verstehen

DAS KOSMOS VERSPRECHEN

Expertenwissen seit 1822

Welches Thema dich auch begeistert – auf unsere Expertise kannst du dich verlassen. Und das schon seit über 200 Jahren.

Unser Anspruch ist es, dich mit wertvollem Rat zu begleiten, dich zu inspirieren und deinen Horizont zu erweitern.

BEGEISTERUNG DURCH KOMPETENZ

Unsere Autorinnen und Autoren vereinen professionelles Know-how mit großer Leidenschaft für ihre Themen.

WISSEN, DAS DICH WEITERBRINGT

Leicht verständlich, lebensnah und informativ für dich auf den Punkt gebracht.

SACHVERSTAND, DEN MAN SEHEN KANN

Mit aussagestarken Fotos, Zeichnungen und Grafiken werden Inhalte besonders anschaulich aufbereitet.

QUALITÄT FÜR HEUTE UND MORGEN

Dafür sorgen langlebige Verarbeitung und ressourcenschonende Produktion.

Du hast noch Fragen oder Anregungen?
Dann kontaktiere unsere Service-Hotline: 0711 25 29 58 70
Oder schreibe uns: kosmos.de/servicecenter

DAS SPIEL MIT DER PFEIFE

Zum Geleit

Liebe Nancy,

kürzlich stand ich mit Freudentränen und Gänsehaut im Wald, die Pfeife im Mund und eine sehr freudig auf mich zukommende Mascha im Blick. Lange dachte ich, das geht mit meiner Hündin nicht – zu aufgeregt, zu lange in die falsche Richtung trainiert. Du hast mich, wie bei so vielem, eines Besseren belehrt und nun weiß ich gar nicht mehr, wie das alles ohne das Pfeifenspiel in unserem Alltag war.
Jahrelang war ich die Frau mit der aufgeregten Labradorhündin. Die mit der Hündin, die an der Leine zog, andere Hunde anbellte, nicht auf die Ansprache hörte etc. – irgendwann kam der Moment, in dem mir klar wurde: So will ich das nicht mehr! Die 5er-Basis schaffte bei mir die Grundlage, um wieder in Kontakt mit meiner Hündin zu kommen, und du, liebe Nancy, hast den Feinschliff gesetzt. Bei Instagram verfolge ich noch heute täglich mit Begeisterung deine Beiträge, in denen du die schönen Augenblicke mit deinen inzwischen drei Hunden teilst. Immer wieder denke ich mir, genauso will ich das auch leben. Ich arbeitete mich durch Lernvideos von dir, buchte Einzel- und Gruppentrainings und mit jedem Schritt, den ich mit dir an unserer Seite ging, kam ich meinem Ziel ein Stück näher. Ich spürte da ein neues Gefühl in meinem Bauch – es war wachsende Selbstsicherheit im Umgang mit meiner Hündin. Egal, wo ich mit Mascha bin, egal, wie die Situation ist, ich weiß, ich kann und werde sie hindurch führen. Nancy, du hast nicht nur meine Hündin wieder näher zu mir gebracht, sondern du hast vor allem mein Herz erreicht. Deine Hunde und die Welpen in deinem Training fliegen dir mit voller Freude zu und mit deinem Buch halten wir nun bald alle ein Stück deiner Brillianz und Liebe in den Händen. Du hast aus diesem unscheinbaren Gegenstand, der Pfeife, eine wahre Freude gemacht. Der sichere Rückpfiff schafft eine enorme Freizeitqualität für meine Hündin und eine innere Sicherheit und somit Gelassenheit bei mir. Sobald ich nur daran denke, die Pfeife aus der Jacke zu holen, flitzt meine Mascha schon los und ihre gute Laune dabei überträgt sich auf die ganze Familie! Ob im Alltag oder zur gezielten Beschäftigung – das Pfeifenspiel hat unser Miteinander auf eine andere Ebene gehoben. Am Ende schafft es genau das, was das Leben mit Hund sein sollte – eine wahre Freude und ein herzerwärmendes Miteinander.
Doch all das wäre nichts ohne einen Menschen wie dich, der vorangeht, seine Ideen umsetzt und „Hundetraining“ grundlegend neu denkt. Nancy,

Christiane und Mascha

für mich bist du eine Revolutionärin mit einem großen Herzen und einem Wissensschatz, der immer Neues hervorbringt. Für dich gibt es nicht die eine Möglichkeit und die eine Lösung – für dich darf jedes Hund-Mensch-Team sein, wie es ist, und du lenkst vorhandene Kräfte und Ansätze in die richtige Richtung. Im Zusammensein mit deinen Hunden bündelst du all das, was dich ausmacht – dein großes Herz, deine ruhige Bestimmtheit, die Freude, mit der du Hunde führst und diese dir folgen, und deinen Humor. Ich lernte in all deinen Trainings nicht nur Techniken, sondern hatte immer die Chance mich zu hinterfragen und mehr in meine Führungsrolle zu kommen.

Jetzt fiebere ich, wie so viele, deinem Buch entgegen. Hundeerziehung ist kein Hexenwerk und keine Zauberei – das zeigst du jedesmal aufs Neue, denn du kannst, wie keine Andere, Handlungsschritte detailliert zerlegen und klar beschreiben. Deine Art zu lehren ist frei von erhobenen Zeigefingern und gefüllt mit Motivation und dem Gefühl von „Du schaffst das!". Ich wünsche jedem Team, von dir begleitet zu werden.

Auf diesem Weg sind wir beide zu Freundinnen geworden und selbst unsere Hunde, die unterschiedlicher nicht sein könnten, erleben fantastische Spaziergänge mit uns, alle gemeinsam, ein großer, bunter Hundewuselhaufen – da fühlen wir uns pudelwohl.

Deine Kundin und gute Freundin,
Christiane

Zu diesem Buch

Viele Menschen wünschen sich eine vertrauensvolle und verlässliche Verbindung mit ihrem Hund und suchen sich neben der alltäglichen Erziehung gemeinsame Hobbies mit dem Vierbeiner. Was wäre, wenn dieses Hobby nicht nur Spaß macht, sondern ganz nebenbei einen großen Sicherheitsfaktor schafft, durch den du deinem Hund noch mehr Freizeit schenken kannst und er stets zuverlässig zu dir zurückkommt? Der sichere Rückruf oder besser gesagt: der sichere Rückpfiff, unterstützt dich nicht nur im Alltag, sondern bringt dir auch eine tolle und freudige Verbindung zu deinem Hund. Er steigert Lebensqualität für Mensch und Tier, denn so kann es entspannt über Wiesen und durch Wälder gehen, immer mit dem Wissen im Hinterkopf, dass dein Hund jederzeit und überall zu dir kommen wird, wenn du ihn heranrufst.

MEINE PERSÖNLICHE ERFAHRUNG

Mein erster Australian Shepherd, Frodo (*2017), sollte ein richtiger Traumhund werden, der überall, wo es möglich ist, frei laufen kann, der gut erzogen ist und vor allem zu mir kommt, wenn ich ihn rufe. Nach kurzer Zeit stellte ich fest, dass sich bei einem Hund dieser Größe vieles nur noch mit dem Thema der ordentlichen Erziehung befasst. Die Nachbarn des Hauses nannten ihn Godzilla, weil er groß und überwiegend schwarz war. Näherte er sich den Menschen, hatten viele Respekt oder gar Angst. Mit meiner ersten Hündin, Tabby (*2007), Yorkshire-Terrier-Mix, hatte selten jemand derartige Pro-

Lotte in freudiger Erwartung

bleme. Plötzlich beschimpften mich Menschen, wenn Frodo sich nicht zurückrufen ließ und mein Hund sie schwanzwackelnd begrüßen wollte. Hundebesitzer mit kleinen Hunden wurden hysterisch, wenn Frodo nicht auf den Rückruf hörte. Es war plötzlich eine ganz andere Welt, nur weil mein zweiter Hund groß war. Wenige fanden ihn einfach nur süß. Alles wurde irgendwie stressig draußen, wenn keine Leine dran war. Aber was sollte denn aus meinem Traum werden, Frodo überall leinenlos laufen lassen zu können? Ich wollte nicht ständig angespannt sein, doch nach und nach entdeckte mein junger Hund neue Interessen wie Hasen zu verfolgen, wenn wir auf Feldern unterwegs waren, oder Katzen aus der Nachbarschaft zu verjagen oder mit anderen Hunden ausgiebig zu spielen, egal, ob ich das wollte oder nicht. Vor allem mit seinem besten Hundekumpel, dem Golden Retriever, Leon, gab es kein Halten mehr und natürlich kein Zurückkommen auf meinen Wunsch. Den Rückruf nutzte ich da nicht mehr, denn es hätte keinen Erfolg gebracht.

Neben einer gut gelingenden Erziehung nach dem Prinzip der 5er-Basis, fing ich an, mit Frodo am Rückpfiff zu arbeiten. Ich bekam ein Gefühl dafür, wie ich ein Spiel daraus machen kann, und sah, welche Freude das meinem Hund und deshalb auch mir machte.

Der Pfiff schafft Sicherheit.

Ein Rückruf sollte Spaß machen.

»Es geht um Freude, gemeinsame Bewegung, Schnelligkeit und Spaß und letztendlich nicht um ein Kommen-Müssen, sondern um ein Kommen-und-bei-dir-bleiben-Wollen.«

Nahezu täglich band ich dieses gemeinsame Spiel mit der Pfeife in unseren Alltag ein, machte viele kleine Trainingseinheiten und nach kürzester Zeit klappte der Pfiff schon ganz hervorragend und Frodo schoss wie ein Pfeil zu mir, sobald die Pfeife ertönte. Die größte Probe war nach vielen gemeinsamen Trainingsspielen zwischen Frodo und mir und zahlreichen fehlerfreien Wiederholungen, den Rückpfiff aus dem Spiel mit Leon zu nutzen. Die beiden rannten über die Wiesen und was soll ich sagen: ein Pfiff und Frodo ließ Leon links liegen, um zu mir zu rennen, sich hechelnd vor mich zu setzen und Leon zu ignorieren. Der verstand die Welt nicht mehr. Heute ist es bei mir und vielen meiner Hundefreunde so, dass die Pfeife nur noch dabei sein muss, um die ungeteilte Aufmerksamkeit des Hundes zu erhalten.

Auch meine Freundin konnte es kaum glauben: Wie hast du das denn hinbekommen?

Genau das möchte ich dir in diesem Buch erzählen, damit du bald genauso viele Glücksmomente hast wie ich mit meinen Hunden. Selbst die alte Tabby (*2007) lernte mit elf Jahren noch zuverlässig auf den Pfiff zu kommen. Nun hört sie nicht mehr viel, aber wenn sie die Pfeife sieht, weicht sie nicht mehr von mir. Mittlerweile sind noch Bolle (*2019) und Lisbeth (*2022) seit dem Welpenalter in unser Leben getreten. Beide haben den größten Spaß am Spiel mit dem Rückruf und der Pfeife. Man kann das Pfeifenspiel also mit jedem Hund umsetzen, egal, ob groß oder klein, jung oder alt. Was du brauchst, ist die richtige Einstellung und Spaß an der Zusammenarbeit mit deinem Hund. Beobachte, was er wirklich gerne hat und lass dich auf ihn ein, damit ihr euch gegenseitig Vertrauen schenken könnt.

Leichtigkeit im Training

WAS IST DAS PFEIFENSPIEL?

Das Spiel mit der Pfeife ist eine wundervolle, lebenslange Beschäftigung für dich und deinen Hund, wobei Spiel, Spaß und Auslastung verbunden werden. Zudem wird fast ganz von allein der sichere Rückpfiff so gefestigt, dass du deinen Hund nicht mehr zurückrufen musst, da er durch das freudige Zusammenspiel gar nicht mehr von deiner Seite weichen möchte. Das Pfeifenspiel ist eine sinnvolle Beschäftigung, durch die du eine noch bessere Orientierung deines Hundes an dir förderst. Somit wird der Alltag belastbarer und du kannst deinem Hund ein hohes Maß an Freizeit schenken, da er immer und aus jeder Situation abrufbar ist.

DER WUNSCH NACH DER GROSSEN FREIHEIT

Dem Hund ein artgerechtes Leben zu bieten, ist der große Wunsch der meisten Hundebesitzer. Dabei soll er nach Möglichkeit so viel frei laufen, wie es geht, und vor allem rennen und toben können, wie nur vorstellbar. Mit Hundekumpels über die Wiesen flitzen, im Wald stets vor sich hinschlendern, auch wenn das Reh den Weg kreuzt, und auf Wiesen seinen Interessen nachgehen. Oberste Priorität beim Gedanken an ein gutes Training mit dem eigenen Hund hat fast immer das zuverlässige Zurückkommen, egal, aus welcher Lage der Hund gerufen wird. Freiheit kann jeder Hundebesitzer seinem Vierbeiner schenken, wenn er stets und immer wiederkommt, und am besten genau dann, wenn es sein soll oder sein muss, bevor sich der Hund in Gefahr begibt. Damit verbunden ist oft eine innere Unsicherheit, ob der eigene Hund wirklich aus jeder Situation abrufbar ist, oder sogar das Wissen darüber, dass er es mit Sicherheit nicht ist. Spätestens Jagdhunden wird rassespezifisch nachgesagt, dass sie überdurchschnittliche Jagdambitionen in sich tragen und demzufolge gar nicht abrufbar sein können, wenn Wild den Weg kreuzt.

Freie Bewegung hält Körper und Geist gesund.

Ein Jagdhund muss schließlich alles jagen, da kann man nichts machen. Anderen Rassen wie dem Beagle wird nachgesagt, man könne sie nicht von der Leine lassen, da sie immer Spuren verfolgen werden und auch davon niemals abzubringen sein werden. Bulldoggen sind schwer erziehbar und demnach kann man ihnen auch nichts beibringen, Huskys und Shiba Inu sind zu ursprünglich, um einen sicheren Rückruf als sinnvoll einzuführen. Beim Australian Shepherd ist alles zu

»Ein Hund soll rennen und toben können so viel es geht – Hauptsache er kommt zurück, wenn er gerufen wird. Das ist der große Wunsch der meisten Hundebesitzer.«

spät, sobald er ein Rind sieht und so weiter und so fort.

Den Wunsch nach einer großen Freiheit für jeden Hund kannst du dir jedoch selbst erfüllen und es muss kein Wunsch bleiben. Denn es gibt immer einen Weg. Auf die Vorurteile bezüglich spezieller Rassen möchte ich später kurz eingehen, aber zunächst mal deine Bedenken ausräumen, indem du einfach loslegst und das Pfeifenspiel mit deinem Hund startest.

THEORIE

Für den Erfolg ist die Theorie wichtig.

Hintergründe und theoretische Grundlagen

Damit das Spiel mit der Pfeife ein schönes, aber auch zuverlässiges Miteinander mit deinem Hund werden kann, braucht es ein paar theoretische Grundlagen und Hintergründe, um ein tolles Ergebnis zu erzielen.

Ganz nebenbei werdet ihr bei diesem Spiel zusammenwachsen, ein gemeinsames Hobby daraus formen und das Schönste: einen sicheren Rückruf/Pfiff etablieren. Damit du letztendlich keinen Pfiff mehr benötigst, um deinen Hund aus einer ernsten Situation zurückzupfeifen, sondern ein Zusammengehörigkeitsgefühl voller aufmerksamer Momente für dich und deinen Hund entsteht.

Schnell und voller Freude – der Rückruf im Stadtpark

In welchem Bereich bist du – Erziehung oder Ausbildung/Training?

Es ist in meinen Augen elementar, die beiden Bereiche Erziehung und Ausbildung/Training ganz klar getrennt zu betrachten.

Der große Unterschied des Pfeifenspiels zu unseren Büchern „Die 5er-Basis" und „Das feine Führen" ist der Ansatz in der Herangehensweise, dem Unterschied von Erziehung und Ausbildung oder auch Training.

ERZIEHUNG

Mit den beiden ersten Büchern widmen wir uns dem Bereich der Erziehung. Erziehung ist das soziale Zusammenspiel, also wie du mit deinem Hund in der Gruppe zusammenlebst oder zusammenleben möchtest. Soziale Bereiche sind dabei, dass der Hund lernt, keine Menschen anzuspringen, draußen sein Geschäft zu verrichten und nicht in der Wohnung alles zu markieren, keine Lebensmittel vom Tisch klaut, lernt allein zu bleiben, keinen Unrat vom Boden frisst, dich locker im Alltag begleitet, auch mal auf dich warten kann, ein Verhalten beendet, das vorher freigegeben war, und mit dir in einer freundlichen Kommunikation bleibt, dir nicht in die Hände beißt und ihr euch gegenseitig mit Respekt behandelt. Auch wie man sich gegenüber den Menschen allgemein benimmt oder wie man anderen Hunden begegnet, ist ein Aspekt der Erziehung. Dabei lernen Mensch und Hund durch Konsequenzen und dadurch, ob eine Verhaltensweise sich lohnt oder nicht. Daraus bildet ein Hund sich Gesetzmäßigkeiten und leitet aus deinem Verhalten und den Konsequenzen für sich ab, was er öfter tun wird oder seltener tun sollte.

Würde ein Hund durch das Ziehen an der Leine zum Beispiel nie sein Ziel erreichen – nämlich den Baum, zu dem er möchte, dann würde er das Leinenziehen sehr schnell verwerfen und als sinnlos erachten, um nach neuen Strukturen zu suchen,

Gut erzogen oder gut trainiert?

die sich für ihn lohnen. Wie genau die Handlungsabläufe in den sozialen Strukturen aussehen, ist unwichtig. Ob dein Hund sitzt, steht oder liegt, wenn er auf dich wartet, ist prinzipiell egal. Außerdem ist wichtig, dass man das soziale Miteinander nicht trainieren kann. Du kannst nicht üben, dass dein Hund mit dir kuschelt, dich lieb hat oder du ihn liebst, ebenso wenig kannst du trainieren, dass dein Hund beispielweise jeden fremden Hund gut leiden kann oder dass er nicht auf die Couch springt, wenn er allein daheim ist. In der Erziehung kannst du einfach nur handeln und konsequent umsetzen, was du möchtest, und das nicht nur zu einem bestimmten Trainingszeitpunkt, sondern immer dann, wenn es die Situation erfordert. Dein Hund will jetzt in den Arm des Postboten beißen? Du hast aber gerade keine Trainingszeit geplant, musst zur Arbeit und möchtest den Biss später besprechen, wenn du den Trainingsplan dafür gedacht hast? Welche Konsequenz erlebt dein Hund also? Beißen ist ok, es macht Spaß, es lohnt sich, denn der Fremde ist nun weg, dein Hund hat ihn verjagt, tolles Gefühl – macht er ab jetzt öfter. Erziehung ist nicht trainierbar, sie findet immer statt und ist deshalb nur machbar, du musst also handeln, egal zu welchem Zeitpunkt. Bellen am Gartenzaun wirst du nicht über die Ausbildungsstruktur für ein tolles Sitz in den Griff bekommen, denn auch im Sitzen kann ein Hund bellen. Ebensowenig ist es möglich, dem Hund etwas erzieherisch zu erklären, wenn man nicht dabei ist. Ist dein Hund stets allein im Garten, bringt er sich bei, was lohnenswert ist. Möchtest du sein Verhalten ändern, solltest du immer mit ihm gemeinsam draußen sein, um handeln zu können. (Sonst wird das nichts.)

AUSBILDUNG UND GEZIELTES TRAINING

Nun kommen wir in den Bereich der Ausbildung und des damit einhergehenden Trainings. Denn Ausbildung findet immer genau dann statt, wenn du Lust und Zeit, Nerven und den Plan dafür hast. Du hast genügend Zeit vor dem Training darüber nachzudenken, was du erreichen willst, kannst Pläne erstellen und dann konstruktiv in die Tat umsetzen. Das Pfeifenspiel gehört deshalb in den Bereich der Ausbildung und des gezielten Trainings. Dieser Unterschied zur Erziehung ermöglicht es dir, durch Planung eine fehlerfreie Struktur aufzubauen, in der dein Hund problemlos lernen kann.

Zur Ausbildung gehört alles, wobei dein Hund exakte Handlungsabläufe lernt. Ein festes Sitz genauso wie die Ausbildung zum Rettungshund, wo der Hund suchen und bellen muss, oder die Ausbildung zum Drogenspürhund. Aus eigener Erfahrung kann ich sagen, dass ein Schulbegleithund oder ein Besuchshund eher in die Kategorie der Erziehung fällt, da er vor allem soziale Aspekte einwandfrei können sollte.

Lernen durch fehlerfreie Wiederholungen heißt, die Wiederholungen sollen korrekt ausgeführt werden können, damit du schnell zum Erfolg kommst. Um einen Rückpfiff zu 100 Prozent sicher

1

2

1 Mit Freude ins Rückruftraining

2 Es gibt tolle Belohnungen für das schnelle Zurückkommen.

in jeder erdenklichen Situation ausführen zu können, braucht dein Hund 5.000 bis 7.000 fehlerfreie Wiederholungen. Ja, das ist wirklich eine hohe Zahl, die nur zu realisieren ist, wenn du den Pfiff, das korrekte Verhalten und eine Belohnung regelmäßig in deine Alltagsroutine mit Hund einbaust. Natürlich ist eine Kombination aus der Erziehung durch die 5er-Basis und des feinen Führens und dem Training des Pfeifenspiels sinnvoll, um gelassen Seite an Seite durchs Leben zu gehen. Oft habe ich schon gehört: „Du darfst den Rückpfiff nur ganz selten benutzen, damit dein Hund nicht abstumpft und am Ende nicht mehr kommt."

Ich bin allerdings der Meinung, dass ein Pfiff nur dann richtig gut funktionieren kann, wenn dein Hund ...:

1. ... durch unendlich viele Einheiten positiv darauf konditioniert wird.

2. ... einen angelernten Reflex entwickelt und gar nicht mehr anders kann, als durch viele fehlerfreie Wiederholungen zuverlässig zurückzukommen.

3. ... einen riesigen Spaß mit seinem Menschen und tolle Belohnungen mit dem Rückruf zu verbindet.

Somit muss die Pfeife letzten Endes nur aus der Tasche gezogen werden und ein wenig klappern, und schon sitzt dein Hund vor dir und bettelt darum, endlich den Pfiff zu hören und bei dir sein zu dürfen. Du wirst also ab jetzt im Alltag Standardsituationen trainieren, dir selbst Konflikte schaffen und somit alles so sicher machen, damit du es niemals wirklich brauchst.

PFEIFENSPIEL = TRAINING/AUSBILDUNG

Beim Pfeifenspiel sind wir im Bereich der Ausbildung und des Trainings. Das bedeutet, dass du es trainieren kannst, wann immer du Lust und Zeit dazu hast. Durch die Möglichkeit der Vorausplanung, kannst du eine fehlerfreie Lernstruktur aufbauen. Dein Hund lernt durch Wiederholungen, was für Bewegungsabläufe und Handlungsmuster du von ihm erwartest. Diese sollten mit Belohnungen positiv bestätigt werden, um sie nachhaltig zu festigen.

So lernt dein Hund

In den folgenden Zeilen wird dir vielleicht ein Licht aufgehen, was die klassischen Lerntheorien von Pawlow für eine Bedeutung für die Erklärung des Rückrufs haben und weshalb ich deshalb auf diese etwas näher eingehen möchte.

Ayu beobachtet ihre Umwelt.

Nicht nur der Rückruf lässt sich darüber erklären, sondern viele Verhaltensketten, die dein Hund im Laufe der Jahre erlernt, ob du das möchtest oder nicht. Um einem Hund etwas beizubringen, das er nicht von Natur aus in sich trägt, also beispielsweise eine vermisste Person zu finden, Türen zu öffnen oder eben auf einen Pfiff zu reagieren, nutze ich die klassischen Lerntheorien der operanten und klassischen Konditionierung, ohne zu sehr ins Detail zu gehen.

EINEM HUND ETWAS BEIBRINGEN DURCH OPERANTE KONDITIONIERUNG

Operante Konditionierung ist das Lernen am Erfolg und Misserfolg; es geht kurz gesagt darum, durch positive und negative Verstärkung Einfluss auf das Verhalten des Hundes zu nehmen. Ein gezeigtes und erwünschtes Verhalten wird durch Belohnung oder Lob verstärkt, da man dieses Verhalten gerne fördern und öfter sehen möchte. Ebenso gehört die zweite Seite dazu, und zwar ein unerwünschtes Verhalten mit einer unangenehmen Konsequenz zu belegen, wenn man

Hunde lernen durch Erfahrungen und Konsequenzen.

dieses nicht öfter sehen möchte. Das kann bis hin zur Löschung einer Verhaltensweise gehen.
Lerntheoretisch gehören dabei immer vier Elemente zusammen: Willst du Einfluss darauf nehmen, dass sich ein Verhalten öfter einstellt, dann folgen gleichzeitig angenehme Konsequenzen, es wird also positiv verstärkt und zudem entfällt etwas Unangenehmes. Andersherum ist es mit der Einflussnahme auf ein unerwünschtes Verhalten. Soll dieses seltener gezeigt oder gar gelöscht werden, dann muss auf dieses Verhalten eine unangenehme Konsequenz folgen und etwas Positives muss verschwinden oder darf nicht stattfinden. Mensch wie Hund lernen über diese Theorie 24 Stunden am Tag. Es gibt also keine Zeiten, in der man nicht lernt, Handlungen zu Gewohnheiten werden und man sich auf die Gesellschaft einstellt und damit lebt. Dabei lernen Menschen und Hunde ihre Grenzen und ein angemessenes soziales Miteinander kennen. Wenn du darüber mehr erfahren möchtest und welche fünf Punkte essentiell für das entspannte Zusammenleben von Mensch und Hund sind und wie du darauf Einfluss nehmen kannst, dann kannst du im Buch „Hunde erziehen mit der 5er-Basis“ nachlesen (siehe Seite 125). Die Erziehung erfolgt über den Weg der operanten Konditionierung.

Mit einem Ohr immer auf Empfang

KLASSISCHE KONDITIONIERUNG

Der Physiologe Iwan Pawlow entdeckte in seiner Forschung zufällig die Zusammenhänge der sogenannten klassischen Konditionierung. Pawlow führte verschiedene Untersuchungen an Hunden durch und ließ immer kurz bevor den Hunden Futter verabreicht wurde eine Glocke erklingen. Zunächst hatte die Glocke für keinen der Hunde eine Bedeutung. Doch da regelmäßig anschließend gefüttert wurde, haben die Hunde nach wenigen Wiederholungen angefangen, mehr Speichel zu produzieren und regelrecht zu sabbern, sobald die Glocke erklang, obwohl das Futter noch gar nicht zu sehen war. Er stellte fest, dass allein das Hören der Menschen, die regelmäßig das Futter zubereiteten, und das zu erwartende Ereignis der Futtergabe dazu führten, dass die Hunde den Speichel in Erwartungshaltung produzierten und darauf keinen Einfluss mehr nehmen konnten. Durch einige Versuche ließ sich feststellen, dass nahezu jedes Ereignis, das man der Futtergabe regelmäßig voranstellte, dazu führte, dass der Speichelfluss der Hunde angeregt wurde. Letzten Endes produzierten die Hunde auch vermehrt Speichel, wenn es anschließend kein Futter mehr gab. Also löste der Reiz des Glockenläutens das Gleiche aus wie das Futter selbst – Speichelproduktion. Somit wurde ein unbekannter/neutraler und unkonditionierter Reiz zu einem erlernten, konditionierten Reiz und führte zu einer erlernten, konditionierten Reaktion – es löste den Speichelflussreflex aus. Natürlich würde sich dieser wieder einstellen, wenn es nun nie mehr Futter in Verbindung mit der Glocke geben würde. Und das ist wichtig und immer im Kopf zu behalten! Denn wird die Erwartung über längeren Zeitraum nicht mehr erfüllt, können sich eine erlernte Reaktion sowie ein erlernter Reflex wieder auflösen.

Wenn man mit dem Clicker arbeitet, dann lernen Hunde, dass es anstatt auf ein Glockenläuten, auf einen Click Leckerli oder Spielzeug gibt – etwas, das der Hund als eine Belohnung ansieht. Um das gezielt und nachhaltig aufzubauen, finden viele Wiederholungen von Click und gleichzeitiger (oder minimal verzögerter) Belohnung statt. Das Ziel ist es, diesen Zeitraum zwischen Click und Belohnung auszudehnen, sodass ein Hund später jederzeit, auch in der Entfernung, auf die Belohnung vorbereitet und richtiges Verhalten bestätigt werden kann, ohne sofort und direkt die Belohnung geben zu müssen. Das Click-Geräusch wird also zum Marker für ein positives Ereignis und schüttet, bei korrektem Aufbau, auch ohne direkte Belohnung Glückshormone im Hund in freudiger Erwartung aus. Das kann man sich im Training zu Nutze machen, um den Hund in der richtigen Situation sofort über den Marker, also den Click, zu bestätigen und dennoch etwas Zeit für die Belohnung zu haben. Dieser Effekt kann aber nur erhalten werden, wenn die Erwartung regelmäßig wieder erfüllt wird. Der Click wird bei immerzu fehlender Belohnung nach einiger Zeit keine Reaktion mehr bei deinem Hund auslösen und somit kann der Effekt mit der Zeit wieder gelöscht werden.

Erziehung beginnt ab dem ersten Tag.

VOM SPIEL MIT DEM PFIFF, DEN REIZEN UND REAKTIONEN

Zur Verdeutlichung dessen, was wir im Hund mit dem Rückruf aufbauen und erreichen wollen, nun ein paar Fachbegriffe, die durch Beispiele die sinnvolle Verknüpfung des Rückrufs erklären werden. Weshalb es also nur sinnvoll ist, einen sicheren Rückruf langsam und nachhaltig aufzubauen und weshalb es für deinen Hund gar nicht möglich sein kann, nach wenigen Wiederholungen einen sicheren Rückruf zu beherrschen, wirst du nun feststellen. Ebenso erklärt sich der Grund, warum ein fehlerfreies Arbeiten im Training viel nützlicher ist als Fehler zuzulassen und diese dann mühsam wieder aufzuarbeiten.

Pepe verknüpft mit dem Pfiff, so schnell wie möglich zu kommen.

Neutraler Reiz

Ein neutraler Reiz ist zum Beispiel ein Klingeln, ein Stimulus in der Welt, der keine bestimmte Reaktion auslöst, also im Prinzip keine Bedeutung für Mensch oder Tier hat. Beispielsweise hat das Klingeln an der Haustür für einen Welpen zunächst überhaupt keine Bedeutung. Es ist lediglich ein Geräusch, ein Läuten, nichts, worauf ein Hund reagieren würde. Was daraus wird, ist eine andere Frage. Ebenso ist der Pfiff für deinen Hund zunächst bedeutungslos, also neutral. Das soll sich aber durch Training ändern.

Unkonditionierter Reiz

Ein unkonditionierter Reiz ist ein Stimulus, der bei Hund und Mensch eine angeborene Reaktion auslöst. Ohne dass hierbei eine Reaktion gelernt wurde, löst der Reiz eine natürliche Reaktion bzw. einen Reflex aus. Bei Hund und Mensch ist zum Beispiel der Lidschlussreflex natürlich angeboren und nicht beeinflussbar. Sobald sich dem Auge etwas Bedrohliches nähert, wird das Auge unwillkürlich sofort geschlossen. Ebenso verhält es sich mit dem Lieblingsessen, das Speichelfluss auslöst, sobald

konkret gelernt wurde, bei welchen Situationen er anzuwenden ist. Gleiches gilt für den Speichelflussreflex.

Erlernter Reiz (konditionierter Reiz)

Ein konditionierter Reiz ist etwas von außen, worauf gelernt wurde, mit einer bestimmten, ebenfalls erlernten, Reaktion zu reagieren. Das heißt zum Thema klingeln: Mensch und Hund haben gelernt, dass das Klingeln an der Tür eine Reaktion erfordert.
Der Reiz ist das Läuten, der auslöst, dass der Mensch und vielleicht auch der Hund aufstehen, sich zügig zur Tür bewegen und diese öffnen, um zu schauen, wer da klingelt und aus welchem Grund.

es auf dem Tisch steht oder sich im Napf befindet. Weder Hund noch Mensch haben beim Essen detailliert erlernt, den Speichelfluss auszulösen oder zu stoppen. Es ist eine Reaktion auf den Reiz Nahrung.

Unkonditionierte Reaktion/Reflexe

Eine unkonditionierte Reaktion ist ein angeborener Reflex, der nicht gelernt wurde und automatisch auf einen unkonditionierten, also nicht gelernten Reiz, erfolgt. Der Lidschluss funktioniert immer, auch wenn nicht

Aris lauscht schon beim Klappern der Pfeife.

Erlernte Reaktion (konditionierte Reaktion)

Eine konditionierte Reaktion ist eine Handlung, die gelernt wurde und die auf einen erlernten Reiz erfolgt. Beim Klingeln ist die konditionierte/erlernte Reaktion das schnelle Gehen zur Türe und diese zu öffnen. Diese Handlungsabfolge ist nicht angeboren und geschieht nicht automatisch von Natur aus. Man hat sie sich angeeignet und setzt sie nun, ohne großartig nachzudenken, um, bis es fast zu einem Automatismus wird. Ein Hund fängt deshalb beim Klingeln an zu bellen, weil er das Klingeln mit Aufregung verbindet und er sich meist selbst beigebracht hat, das Klingeln lautstark zu melden. Die Klingel wird also der Auslöser des Bellens. Der Hund hat es selbst gelernt durch Beobachtung und resultierende Handlung.

REFLEXE

Reflexe sind teilweise angeboren und teilweise können sie erlernt werden. Sie laufen unwillkürlich im Körper ab,

Ohne Nachzudenken mit Schwung zum Menschen

sind schnell und haben immer die gleiche Reaktion zur Folge. Dein Hund soll also nicht mehr aktiv darüber nachdenken müssen, was er bei dem Pfiff in einer bestimmten Tonlage tun soll, und die Wahl haben, sich für das Zurückkommen oder dagegen zu entscheiden. Wir wollen einen Zugang ins Unterbewusstsein erschaffen und neue neuronale Verbindungen entstehen lassen, die es deinem Hund ermöglichen, ohne Überlegung direkt zu dir durchzustarten. Das vereinfacht euch das Leben im Alltag.

Beispiel

Ein Beispiel aus der Menschenwelt ist das Autofahren. Als wir das Autofahren gelernt haben, haben wir uns sehr genau konzentriert, was zu tun ist. Erst die Handbremse lösen, mit dem rechten Fuß auf die Bremse treten, linken Fuß auf das Kupplungspedal, dann den Gang einlegen, die Kupplung ganz langsam kommen lassen, den Schleifpunkt finden und dazu den rechten Fuß auf das Gaspedal wechseln und langsam Gas geben und so weiter so fort. Der Blick musste auf der Straße sein und die Verkehrszeichen sollten wir auch noch beachten und die Regeln ordnungsgemäß einhalten.
Oje, das klingt schweißtreibend und das war es für die meisten auch. Aber nur am Anfang! Wie sieht das nach einigen Jahren Fahrpraxis aus? Alles kein Problem mehr. Oft wissen wir gar nicht mehr, wie wir genau von der Arbeit nach Hause gekommen sind, weil alles automatisch und routiniert abläuft. Stockt vor uns einmal plötzlich der Verkehr, ist es zum Reflex geworden sofort Kupplung und Bremse zu treten, mit aller Kraft, um einen Unfall zu vermeiden. Und genau das wollen wir bei deinem Hund erreichen. Eine sichere und zuverlässige Routine, einen Reflex, der es ihm ermöglicht sofort und auf der Stelle eine gewünschte Handlung auf den Pfiff auszuführen. Eine Reaktion, die unterbewusst und wie auf Autopilot geschieht.

Selbst für die Kleinsten ist es ein Kinderspiel.

ETWAS KONKRETER

Der Pfiff ist für deinen Hund erst einmal ein neutraler Reiz, das bedeutet, ein Pfiff an sich hat für deinen Hund keine besondere Bedeutung und löst auch keine spezifische Reaktion bei deinem Hund aus. Ein (zufälliges) Kommen ist zunächst eine zufällige Reaktion, sie ist weder angeboren noch erlernt. Viele Hunde schauen anfangs einmal neugierig nach, woher der Pfiff kam, ohne etwas Bestimmtes damit zu verbinden.

Auch wenn es zufälligerweise manchmal klappt, dass dein Hund nach einem Pfiff zu dir kommt, bedeutet das noch lange nicht, dass er wirklich weiß, was du für eine Handlungsabfolge erwartest, sobald ein Pfiff ertönt. Er hat es noch nicht gelernt und es besteht noch kein erlerntes Reiz-Reaktions-Muster. Oft ist es so, dass es anfangs auf diesen neuen Ton super klappt und dein Hund recht häufig zu dir zurückkommt. Doch nach einigen Malen funktioniert das plötzlich immer

seltener und der Hund trödelt nur noch langsam zu dir oder geht doch nochmal schnuppern, dreht auf halbem Wege wieder um und entfernt sich erneut von dir. Letztendlich kommen viele Hunde auf einen Pfiff, der nicht korrekt vermittelt und erklärt wurde, gar nicht mehr angerannt, vor allem dann nicht, wenn die Ablenkung von außen zu groß ist.
Über eine gezielte Konditionierung, also das Erlernen eines Reiz(Pfiff)-Reaktions-Musters (schnell zu dir kommen) vermittelst du deinem Hund ganz exakt, dass der Pfiff eine ganz eindeutige, unverwechselbare Bedeutung hat, dass dieser Pfiff eine verbindliche Reaktion erfordert und dass es keine alternative Handlungsmöglichkeit gibt, als freudig zu dir zu kommen. Das wird sich im Gehirn deines Hundes verankern und euch eine lebenslange Zuverlässigkeit bringen.
Dein Hund soll also lernen, auf den Pfiff eine ganz bestimmte Reaktion mit einer klar definierten Handlungsabfolge zu zeigen. Zunächst soll sich dein Hund also umdrehen und so schnell wie möglich zu dir in den Nahbereich kommen und dort bleiben, bis du ihn wieder freigibst.
Ich möchte sogar noch einen Schritt weitergehen! Das Zurückkommen soll einen erlernten Reflex in deinem Hund auslösen. Es ist also das gewünschte Ergebnis, dass dein Hund gar nicht mehr nachdenken muss, nichts mehr abwägt oder bewertet, sondern der Pfiff soll eine enorme Schnelligkeit in seinem Handeln auslösen, genau wie der Speichelfluss bei dem Klang der Glocke bei den pawlow'schen Hunden. Sie konnten nicht mehr anders, als Speichel zu produzieren. Wir wollen den gelingenden Rückruf also über einen antrainierten Reflex lösen, damit dein Hund gar nicht mehr anders handeln kann, als diese Reaktion des schnellen Herankommens zu zeigen. Ich sehe es bei vielen Hunden, die bereits länger mit dem Rückruf oder der Pfeife gearbeitet wurden: Der ganze Körper zuckt schon mit der Tendenz umzudrehen, selbst wenn nur ein ähnliches Wort oder ein ähnlicher Pfiff abgesetzt wird. Wie das Bremsen im Auto, wenn etwas unerwartet die Straße kreuzt.

Kurz gesagt:
Was wir erreichen wollen, damit der Rückpfiff zu einem sicheren und verbindlichen Signal wird, ist, dass der Pfiff für deinen Hund von einem neutralen Reiz zu einem erlernten Reiz wird, auf den eine erlernte Reaktion folgt, die letztendlich ein erlernter Reflex werden soll, wie das Bremsen im Auto, wenn ein Fußgänger plötzlich und unverhofft die Straße betritt. Kurzum, das unverzügliche Zurückkommen auf den Pfiff wird zur verbindlichen Reaktion.

1 Das Training beginnt ohne viel Ablenkung.

2 In der Stadt steigert man die Ablenkungen Stück für Stück.

1

»Du kannst bei deinem Hund erlernte Reflexe erzeugen, wie das zuverlässige Zurückkommen auf Pfiff. Jedoch können sich diese wieder auflösen, wenn die Erwartungshaltung längerfristig nicht oder nicht mehr erfüllt wird.«

Du kannst bei deinem Hund erlernte Reflexe erzeugen, wie das zuverlässige Zurückkommen auf Pfiff. Jedoch können sich diese wieder auflösen, wenn die Erwartungshaltung längerfristig nicht oder nicht mehr erfüllt wird. Deshalb ist es für den Erfolg enorm wichtig, dass du es beibehältst, deinen Hund für das Zurückkommen zu belohnen. Dazu später mehr.

NACHHALTIGKEIT IM LERNEN – DIE VIER SÄULEN

Um mit dem Training den gewünschten Erfolg des sicheren Rückpfiffs zu erzielen, möchte ich dir kurz verdeutlichen, welche Phasen beim nachhaltigen Lernen durchlaufen werden.

1. Eine neue Verhaltenskette lernen

Zunächst hat dein Hund keine Ahnung, was die Pfeife für ihn einmal bedeuten soll. Er muss also ein komplett neues Verhalten lernen, und zwar ganz schnell zu dir kommen, wenn du pfeifst oder rufst. Deshalb wirst du ihm nun super leckeres

2

Futter vor die Nase halten und ihn damit in die zukünftige gewünschte Position führen bzw. locken. Dein Hund lernt also eine komplett neue Handlungs- und Bewegungsabfolge.

2. Die Verhaltenskette verstehen und umsetzen

Jetzt wird dein Hund immer besser verstehen, was du ihm vermittelst und die neue Handlung umso schneller umsetzen, zu dir kommen und bei dir bleiben. Du kannst das Futter nun in der Tasche lassen und musst deinen Hund nicht mehr in die Position führen, sondern er beginnt das gewünschte Verhalten schon von selbst zu zeigen, wenn du zum Beispiel die Richtung wechselst und dich von deinem Hund entfernst. Belohnen kannst du jetzt in Ruhe.

3. Belastbarkeit

Auch zunehmende Ablenkungen bringen deinen Hund nun nicht mehr aus dem Konzept, da er weiß, was er tun soll. Du beginnst jetzt das neue Verhalten überall mit zunehmender Ablenkung umzusetzen und einzufordern. Du sorgst dafür, dass alles überall belastbar wird und stellst dich allen möglichen Alltagssituationen, um deinen Hund zurückzupfeifen.

4. Nachhaltigkeit der neuen Verhaltenskette

Ab jetzt wirst du dich bemühen, dass das Erlernte nicht verloren geht, und so oft wie nötig dafür sorgen, dass dein Hund zuverlässig und schnell zu dir zurückkommt, egal unter welchen Umständen.

EINE SICHERE LERNUMGEBUNG

Für einen Menschen, der etwas neu lernt, ist es wichtig, dass er das zunächst ohne Ablenkung tun kann. Eine sichere Umgebung zum Lernen, ist für den Hund ebenso wichtig wie für den Menschen und für beide in Kombination. Vor allem ist von Bedeutung, dass Mensch und Hund sich in der Umgebung wohl fühlen, in der neue und unbekannte Inhalte und Verknüpfungen vermittelt werden sollen.

Andere Menschen, Hunde, Katzen, Autos und so weiter sind für den Start zunächst hinderlich, um frei und ungehemmt zu reagieren und den nötigen Raum für eine gute Konzentration zu schaffen – bei Mensch und Hund. Demzufolge beginne die ersten Schritte unbedingt in einer weitestgehend ablenkungsfreien Umgebung.
Zudem ist es wichtig, dass du auch im Kopf nur ein Lernfeld schaffst, das du bearbeiten möchtest. Konzentriere dich auf das Wesentliche, das du in diesem Moment vermitteln möchtest. Das gilt nicht nur für den Rückruf, sondern für alle Erziehungs- und Ausbildungsbereiche von Mensch und Hund. Ein Lernfeld bedeutet, dass du beim Rück-

Aufmerksamkeit in einer ruhigen Umgebung

ruf deinen Fokus auf diesem Thema belässt. Mach keine Nebenschauplätze auf wie Sitz, friss nichts vom Boden, spring mich nicht an oder hör auf, Hunde anzubellen.
Das sind ein paar Beispiele, weshalb eine sichere Lernumgebung für den Beginn so große Bedeutung hat. Dein Training wird von Erfolg gekrönt sein, wenn du genau das lehren kannst, was du lehren möchtest und dich nebenbei nicht mit zehn anderen Dingen beschäftigen musst. Das bringt sonst große Verwirrung und somit schleichen sich ganz unbewusst Fehler ein, an die du wahrscheinlich gar nicht denkst und sie vielleicht nicht einmal bewusst wahrnimmst. Für Themen wie oben genannt, nimmst du dir gesonderte Zeiten, um diese mit deinem Hund zu besprechen. Du suchst dir also immer einen Bereich aus, in dem du mit deinem Hund arbeiten möchtest, und lässt die anderen Dinge erst einmal beiseite.
Hunde lernen sehr schnell und es benötigt nur kurze Zeit, dass sie etwas verstehen. Damit das dann nachhaltig ist, bleibe mit dem Fokus dort, wo es in diesem Moment wichtig ist. Beim Rückruf ist es beispielsweise zunächst nur wichtig, dass dein Hund schnell kommt, nicht aber, dass er sich vor dich hinsetzt. Bei der Leinenführigkeit ist es wichtig, dass dein Hund in deiner Nähe an lockerer Leine läuft, nicht, dass er dich die ganze Zeit ansieht oder keinesfalls ein paar Meter die Leine im Maul trägt. Also trenne diese Lernfelder und bleib immer bei dem, was du gerade möchtest.

2

1 Auf einer bekannten Wiese werden Lisbeth und Bolle nicht gestört und können sich so auf das Training konzentrieren.

2 Dem Whippet macht Rennen riesigen Spaß. Seine Belohnung ist ein Laufspiel.

Der Pygmalion-Effekt

Kurz gesagt besagt dieser Effekt, dass eintreten wird, was du dir schon gedacht hast, wie eine selbsterfüllende Prophezeiung.
Wenn du deinem Hund aufgrund seiner Vorgeschichte oder seiner Rasse eine bestimmte Eigenschaft oder Verhaltensweise zuschreibst, wird genau das, was du ihm zuschreibst mit der Zeit eintreten. Das ist vorstellbar wie eine Glocke, die du ihm überstülpst und deinen Hund regelmäßig nur noch mit dieser betrachtest. Du wirst automatisch öfter die Situationen sehen und zählen, in denen dein Hund genau das Verhalten zeigt, das du ihm zuschreibst. Unbewusst fühlen sich dein Hund und du selbst dadurch bestätigt, dass alles so ist, wie du dir schon gedacht hast. „Mein Hund ist ein Jagdhund, deshalb wird er immer jagen und auf einen Rückpfiff gar nicht hören“, wird genau das prophezeien, was du eigentlich vermeiden

willst. Du wirst ein immer größeres Augenmerkt auf genau die Eigenschaften legen, die du vielleicht nicht fördern wolltest.
In meinem Studium zum Lehramt wurden wir in der Lehr-Lernpsychologie eindrücklich vor diesem Effekt, der sich ins Positive sowie ins Negative auswirken kann, gewarnt und darauf hingewiesen, uns stets unser eigenes Bild von den Schülern zu machen. Doch das ist in der Praxis gar nicht so einfach, denn der Austausch im Lehrerzimmer ist kaum zu umgehen. Oft erhielt ich als junge Lehrerin Warnungen vor gewissen Schülern der Klasse, die ich gleich zum ersten Mal betrat. Schüler X wird es in Mathe nicht schaffen, er hat eine Diskalkulie. Bereits sein Bruder konnte nicht rechnen und die Eltern unterstützen ihn nicht. Schülerin Y wird eine ganz große Autorin, denn sie schreibt schon in der 3. Klasse fehlerfreie Aufsätze mit einer beeindruckenden Grammatik und einem großen Wortschatz. Sie hat auch ausnahmslos Einser in ihrem Zeugnis. Und schon bröckelt der Vorsatz, der Klasse völlig neutral gegenübertreten zu können.
Ähnliches passiert vielen Menschen mit ihren Hunden bei der Wahl der Rasse. Zack, Stempel drauf: Ein Malinois muss in den Schutzdienst, ein Herdenschutzhund ist nicht erziehbar, einen Border Collie musst du übermäßig auslasten, und beim Labrador handelt es sich um einen reinen Familien- und Anfängerhund.

Bedenke diesen Effekt, bevor du mit dem Pfeifenspiel startest und lass dich nicht von anderen Menschen oder dem Hund nachgesagten Rasseeigenschaften beeinflussen. Fühle ganz in dich hinein, spüre nur dich und deinen Hund im Zusammenspiel mit der Pfeife und schaue dann, wie sich das alles anfühlt.

LOB UND BELOHNUNG – VERSTÄRKER

„Du bekommst, was du verstärkst." (Bob Bailey). Was du belohnst wird sich also einstellen.
Hunde sind in ihrem Handeln recht einfach zu beschreiben: Sie tun in der Regel das, was ihnen aus ihrer Sicht sinnvoll erscheint, wovon sie etwas haben, was sich also lohnt. Ein Hund wird dementsprechend nur ein gewünschtes Verhalten zeigen, wenn sich die Konsequenz für ihn lohnt. Andersherum genauso, er tut nichts, wenn es sich für ihn nicht lohnt. Darauf zu bauen, dass dein Hund alles nur für dich tun sollte, aus freien Stücken, weil er dich so lieb hat, ist zwar ein ganz großer Wunsch vieler Hundehalter, doch leider nicht die Realität. Geht ihr gemeinsam spazieren und es kommt ein Hundekumpel des Weges, mit dem dein Hund eine riesige Freude beim Spielen haben wird, dann wird er nicht abwägen, ob er dich so liebt und wie schön es abends zusammen auf der Couch ist und ob es nicht vielleicht deshalb besser wäre, jetzt nicht loszurennen, sondern bei dir zu bleiben, damit du dann nicht eingeschnappt bist. Das reine Ausbleiben einer Strafe ist kein Anreiz für einen Hund, Dinge nicht zu tun, so weit denkt ein Hund nicht. In dem Moment, wo er es als lohnenswert erachtet, wird er losrennen und seinen Kumpel begrüßen und im ersten Moment auch noch nicht auf den bis dahin neutralen Reiz des Rückrufs reagieren. Wenn nun lediglich ausbleibt, dass dein Hund für das unerlaubte Wegrennen eine Strafe erhält, ist das kein Anreiz, beim nächsten Mal bei dir zu bleiben.

Mit der richtigen Belohnung steigt die Motivation für das Rückruftraining.

Jetzt gilt es im Training herauszufinden, was deinen Hund so sehr motiviert, dass er selbst den Hundekumpel stehen lässt. Und du wirst durch genaue Analyse herausfinden, für was er wirklich brennt. Und es kann sein, dass er dafür noch nicht den Hundekumpel stehen lässt, ABER dafür wirst du ja nun trainieren und durch gezielte Umsetzung der Handlungsschritte den erlernten Reflex erzeugen, sodass dein Hund gar nicht mehr anders kann, als zu dir zu kommen. Du wirst verstehen, warum die positive Verstärkung, also die Bestätigung des richtigen Verhaltens, genauso wichtig ist, wie das Training vom neutralen Reiz bis hin zum erlernten Reiz(Rückruf)-Reaktionsmuster(Kommen) und nur eine Kombination über die Dauer der Zeit sinnvoll sein kann, um einen sicheren Rückruf aufzubauen. Es braucht also sehr viele Wiederholungen, um Verlässlichkeit aufzubauen.

Bekommt dein Hund für den Pfiff immer etwas von dir, das er richtig gerne möchte, dann wird es sich für ihn lohnen und am Ende auch gelingen. Dafür ist es nun deine Aufgabe herauszufinden, was dein Hund wirklich mag, im Bereich der positiven Verstärkung.
Verstärker sind positiv oder negativ und lassen demzufolge, beim richtigen Einsatz, ein Verhalten häufiger auftreten, seltener auftreten oder sogar löschen.

Die Grundidee für das Pfeifenspiel ist es, das gewünschte Verhalten durch positive Verstärker zu fördern und häufiger zu sehen.

Positive Verstärker sind abhängig vom jeweiligen Hund und können unterschiedlich sein. Ziel ist es, dass der Hund den Verstärker als Belohnung versteht und es als angenehm empfindet, was durch dich von außen dazukommt, zum Beispiel Leckerli, Spielen oder einen sozialen Verstärker wie Streicheln oder körpersprachlich spielen.

Die Belohnungsliste

Ich empfehle dir eine Liste anzufertigen, in der du genau notierst, welche drei Dinge für deinen Hund ganz weit vorne stehen, um ein Verhalten öfter zu zeigen und was genau dann die Belohnung für ihn ist. Von Zerrspielen, über Wienerwürstchen oder

Die richtige Belohnung ist für jeden Hund individuell.

Trockenfutter sind den Ideen keine Grenze gesetzt. Für den Rückpfiff sollte es aber etwas sein, das du immer mitführen kannst. Also nicht das Baden im See an erste Stelle setzen, denn das wird schwierig in der Umsetzung.
Diese Liste wirst du später immer im Hinterkopf behalten, um deinen Hund je nach Schwierigkeitsgrad unterschiedlich stark belohnen zu können, was seine Motivation aufrecht erhalten wird, weiterhin das Spiel mit dir zu spielen. Der Gegenspieler, die negative Verstärkung, wird deshalb im Pfeifenspiel nur in äußerst seltenen Fällen angewandt, da wir dem Hund freundlich und positiv gesinnt gegenübertreten wollen, um seine Motivation zu erhalten. Erst in einem der letzten Schritte besteht die Möglichkeit, dass du auch etwas brauchst, das deinen Hund bei Unerwünschtem unterbricht, und zwar dann, wenn die größte Motivation deines Hundes sich von ihm wegbewegt und er dennoch zu dir kommen soll. Doch auch hierfür habe ich eine Lösung für dich, die ich dir später noch erkläre. Dennoch kannst du die Liste mit etwas ergänzen, das auf der anderen Seite steht und wofür dein Hund unerwünschtes Verhalten weniger häufig zeigen wird.

Tipp

Fertige dir eine Liste an, worauf steht, welche drei Dinge deinen Hund am meisten motivieren: Futter? Welches genau? Spiel? Was genau? Das wirst du dann gezielt einsetzen.

Ein gemeinsames Spiel kann deinen Hund motivieren.

DAS LOB – EIN SOZIALER VERSTÄRKER

Ein Lob ist ein sozialer Verstärker. Er wird vorwiegend im Bereich der Erziehung eingesetzt und stellt eine soziale Komponente dar. Sozial ist alles, was dich mit dem Hund in einen Kontakt bringt, dem nichts zwischengeschaltet ist – weder ein Stück Futter noch ein Spielzeug. Soziale Verstärker sind mitunter für Hunde viel wichtiger als andere Arten von Bestätigung wie Futter oder Spielzeug. Ein Lob kann passiv erfolgen, das heißt, du lobst deinen Hund, indem du deinen Körper von einer Anspannung in eine Entspannung bringst. Ein Lob kann auch aktiv sein, indem du deinen Hund verbal bestätigst oder ihn streichelst und berührst. Und es gibt ein aktives motivierendes Lob, wobei du deinen Hund körperlich durch ein Spiel in eine gemeinsame Aktion bringst. Details und wie du diese Arten des Lobens einsetzt, findest du auch in unserem Buch „Das Feine Führen" (siehe Seite 125, Zum Weiterlesen).

1

2

3

DIE BELOHNUNG

Wenn ich im Folgenden von der Belohnung spreche, dann ist das etwas, das du gezielt im Training einsetzen kannst, es ist sozusagen ein Hilfsmittel, das eine Brücke zwischen dir und deinem Hund baut. Es ist eine dritte Komponente, ein Zwischenspieler wie Futter oder Spielzeug, um deinen Hund in seinem Verhalten zu bestätigen. Eine Belohnung ist entweder ein primärer Verstärker, also etwas, das dein Hund wirklich zum Überleben braucht, zum Beispiel seine Hauptmahlzeit, oder ein sekundärer Verstärker wie Spielzeug/Beute. Im Training zum Rückruf ist es empfehlenswert sich aus diesen beiden Kategorien der Belohnung Bestätigungen zur Verstärkung eines richtigen Verhaltens zu suchen. Diese können schnell und deutlich zum perfekten Zeitpunkt eingesetzt werden.

4

5

1 Frodo wartet auf den Rückruf.

2 Er läuft so schnell es geht zu mir.

3 Sein Lieblingsspielzeug befindet sich in meiner Tasche.

4 Frodo darf als Belohnung in sein Spieli beißen. Für ihn die größte Motivierung.

5 Das Spiel findet bei mir statt.

TIMING

Und genau deshalb kommen wir nun zum richtigen Timing. Um deinem Hund, genau das beizubringen, was du dir erhoffst, ist der richtige Zeitpunkt der Belohnung ganz wichtig. Darauf werde ich später genauer eingehen, denn du bekommst immer das, was du belohnst. Deshalb beachte genau, wann du deinen Hund für welche Aktivität belohnen möchtest.

Am Anfang wird beim Rückruf das schnelle Kommen belohnt, später kannst du dir Zeit lassen, um das Bleiben zu belohnen. Schaue immer genau, was du gerade belohnst. Ich rate dir ganz klar davon ab, deinem Hund ein Leckerli ins Maul zu schieben, während er sich von dir wegdreht und gedanklich einer Ablenkung nachgeht. Das belohnt genau das Verhalten, das du später nicht möchtest.

Training benötigt Motivation

Was wir dabei benötigen ist eine entsprechende gute Laune von dir und eine tolle äußere Motivierung für deinen Hund, die seine innere Motivation weckt. Die Motivierung ist etwas, das du deinem Hund in Form von Leckerchen geben kannst, für die er alles tut. Die Motivation ist dann die innere Einstellung, die dein Hund selbst entwickelt.

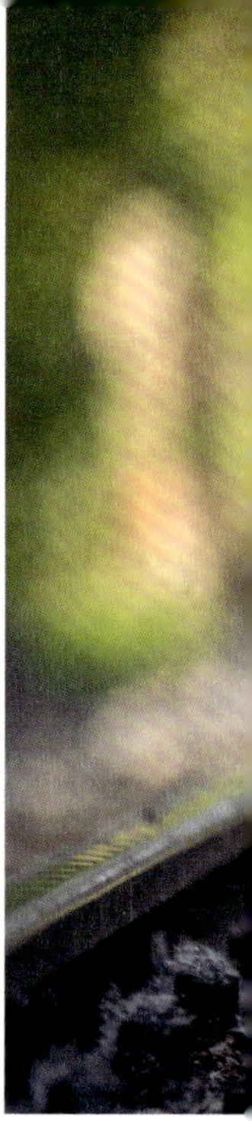

DAS GEHEIMREZEPT

Ganz wichtig, tu alles mit Freude! Wenn du heute schlechte Laune hast oder total gestresst bist, dann verschiebst du das Training lieber auf morgen, um auch wirklich mit Spaß bei der Sache zu sein und ganz schnelle Erfolge zu haben. Für deinen Hund benötigst du etwas Motivierendes, das ihn ankurbelt, gerne mit dir zu trainieren.
Anfangs empfehlen wir dazu die besten Leckerli, die sich dein Hund vorstellen kann, damit die Handlungsabfolgen erst einmal in Ruhe und Konzentration stattfinden können. Später gehen wir dann zu sozialem Spiel mit einem seiner Lieblingsspielzeuge über. Das alles dient dazu, die innere Einstellung deines Hundes so zu formen, dass er am Ende stets voller eigener Motivation in die Übungen startet, die später zu einem Reflex werden sollen. Das Training wirst du immer mit Leckerli oder später einem Spiel bezahlen. Das bedeutet auch hier wieder: Hast du nichts dabei, dann übe den Pfiff nur, wenn du ausgerüstet und gut vorbereitet bist.
Es geht dabei ganz klar darum, was dein Hund total gut findet und was er wirklich richtig gerne mag.
Für ein gelingendes Training ist eines unabdingbar – du brauchst einen motivierten Hund, der gerne mit dir zusammenarbeitet. Wir können dabei

Hopp, hopp, Baghira, deine Menschen haben gerufen!

»Das Geheimrezept für Zuverlässigkeit beim Pfeifenspiel ist ganz viel Freude und eine hohe Begeisterung von Mensch und Hund.«

zwischen intrinsischer und extrinsischer Motivation unterscheiden.

INTRINSISCH ist das, was dein Hund von Natur aus mitbringt, wie ein Border Collie eine innerliche Veranlagung zum Hüten hat, weil er seine Belohnung durch das Treiben der Schafe stets erhält, denn diese Arbeit ist das, wofür er gezüchtet wurde. Ein Labrador apportiert hingegen gerne. Es ist das, was der Hund in sich trägt und wofür er gezüchtet und einst gebraucht wurde. Die wenigsten Hunde tun vom Menschen geforderte Dinge jedoch aus intrinsischer Motivation heraus. Sie sehen und verstehen den Sinn innerhalb ihrer genetischen Veranlagung gar nicht. Deshalb kommt die extrinsische Motivation an diesem Punkt zum Einsatz.

EXTRINSISCH bedeutet von außen zugeführt und ist etwas, womit du deinen Hund motivieren kannst und solltest. Das pure Hoffen darauf, dass dein Hund dich so sehr liebt, dass er alles von sich aus für dich tut, wird an irgendeinem Punkt nicht mehr ausreichend sein, wo dein Hund etwas anderes interessanter findet als dich und deine Wünsche. Es ist also nicht nur sinnvoll, sondern auch notwendig, dass du deinen Hund im Spiel mit der Pfeife motivierst, bei seinen Erfolgen entsprechende positive Verstärker zur Motivierung einsetzt. So wird das Ganze ein nachhaltiger Erfolg.

VERBINDLICHKEIT

Die von mir angegebenen 5.000 bis 7.000 Wiederholungen sind ein Richtwert, den du strategisch und gezielt abarbeiten kannst, um so schnell wie möglich die 100 Prozent Sicherheit zu erzielen. Natürlich ist das eine sehr hohe Zahl und ich erlebe durchaus engagierte Menschen, die das ganz konkret dokumentieren und in der kürzest möglichen Zeit umsetzen. Doch ganz ehrlich, die wenigsten sind immer so akribisch und das ist auch nicht allzu schlimm. Es dauert dann einfach nur länger, die Ziele wirklich zu erreichen. Aber auch Zwischenziele sind Meilensteine, die dich stetig voranbringen werden.

Oberstes Gebot ist beim Pfeifenspiel und in der Hundeerziehung die Verbindlichkeit. Ja, und was heißt das genau? Verbindlichkeit beim Hund bedeutet, dass du umsetzt, was du von ihm möchtest. Verbindlich sein heißt, dass deine Vorgaben gelten, sozusagen eine bindende Kraft sind, wie es im Duden beschrieben wird. Genau diese Geltung deiner Vorgaben schaffst du vor allem zunächst in dir selbst. Wieviel Gewicht hat das, was du möchtest? Das ist ein ganz wesentlicher Aspekt, denn wenn du dir selbst nicht glaubst, was du da willst, dann wird es dein Hund erst recht nicht tun. Das merken die cleveren Vierbeiner in ihrer Ursprünglichkeit sofort und werden deine Welt auf den Kopf stellen, damit du lernst, klar zu sein und dir selbst zu trauen.

Wenn wir mal genau hinschauen, wollen wir über den Tag gerechnet oft recht wenig von unseren Hunden und diese wenigen Dinge setzt man öfter mal auch gar nicht konsequent um. Wie eine liebe Kollegin von mir kürzlich gesagt hat, kannst du immer darauf schauen, welche Gesetzmäßigkeit dein Hund aus deinem Handeln schließt. Ich könnte viele Kleinigkeiten aufzählen, bei denen wir es mit der verbindlichen Umsetzung bzw. Durchsetzung nicht so ernst nehmen. Der Hund soll nicht aus der Türe stürmen, doch heute haben wir es eilig, also ist das schon in Ordnung.

1

Der Hund soll auf seinem Platz warten, wenn es klingelt, doch heute kommt ja die Familie zu Besuch, da darf er schon mal allein aufstehen und alle begrüßen. Der Hund soll locker an der Leine laufen, aber hier im Stadtzentrum ist ja so viel Ablenkung, da kann er das ja gar nicht. Der Hund schnuppert und soll mit dir mitkommen, wird mehrfach angesprochen, mit einem Schnalzen gelockt und als Resultat bleibt er dennoch stehen, bis er fertig ist, und so weiter.
Doch was passiert im schlauen Hundekopf bei dieser Art der fehlenden Verbindlichkeit in Situationen, die sich der Mensch gerne schönredet und mit Ausreden dekoriert? Der Hund verarbeitet diese Bilder und inkonsequenten Handlungen und stellt daraus seine Verknüpfungen zusammen, die für ihn nun ganz logische Zusammenhänge sind. Da bedeutet Besuch also Aufregung, eine große Wiese und andere Hunde immer toben ohne Leine und vor allem ohne Menschen und die Klingel wird das Kommando für Hektik und Durcheinander. Da würde ich wahrscheinlich auch anfangen zu bellen, wenn es läutet. Pawlow hat es ja schön erklärt, wie ein Hund lernt. Ganz konkret auf den Rückpfiff oder Rückruf bezogen, heißt das also immer zu schauen, welche Verbindungen dein Hund aus den jeweiligen Situationen ableiten wird.

2

1 Lisbeth beobachtet mich den ganzen Tag und zieht daraus ihre Schlüsse für unser gemeinsames Leben.

2 Auch Finou versteht, welche Regeln immer gelten und welche keinen Bestand haben.

Bei dem geplanten Training an der Frauenkirche ist jeder Mensch mit hundertprozentiger Aufmerksamkeit bei seinem Hund.

Was bedeutet das nun in Bezug auf den verbindlichen Rückpfiff? Du wirst es dir sicherlich schon denken können. Während es im Bereich der Erziehung durchaus schwierig ist immer und überall in jeder Situation verbindlich zu sein, also stets das umzusetzen, was du möchtest; ist es im Bereich der Ausbildung/des Trainings in jedem Fall machbar, dass du immer verbindlich bist, deine Vorgaben also Bestand und Gültigkeit haben. Erziehung findet immer statt, 24 Stunden am Tag. Dein Hund beobachtet, lernt und verinnerlicht. Und dabei kommt überraschend oft der Alltag dazwischen, der nicht planbar ist. Es wird also immer wieder Themen geben, die du neu besprechen musst, da du in dem relevanten Moment keine Zeit, kein Auge und kein Ohr für deinen Hund hattest. Dein Hund soll vielleicht nichts vom Küchenboden fressen und nichts vom Tisch bekommen, dein Kind wirft jedoch etwas herunter und zack, so schnell kannst du gar nicht gucken, ist es im Hundemaul verschwunden und heruntergeschluckt. Und schon musst du diese Vorgabe neu diskutieren. Nun sind wir aber im Training/in der Ausbildung.

Für das Rückruftraining räumst du dir gezielt Zeiten ein, in denen du zu 100 Prozent verbindlich und aufmerksam sein kannst. Somit schaffst du dir eine verantwortungsvolle Lernatmosphäre, für die absolut notwendige Verbindlichkeit zur Einhaltung deiner Vorgaben.

In der Lernphase wird dein Hund mit einer Leine gesichert.

DIE LEINE ALS SICHERUNG

Die Leine ist deine Sicherung für den zuverlässigen Rückpfiff in der Lernphase. Sie stellt dein ganz persönliches Stück Verbindlichkeit gegenüber deinem Hund dar. Damit kannst und wirst du jederzeit umsetzen können, dass dein Hund in jeder Lage den schnellen Weg zu dir findet.

Sprich: Trainiere nur dann, wenn du Lust, Zeit, Ausdauer und eine Sicherung zur Umsetzung deiner Vorgaben hast! Damit du genügend fehlerfreie Wiederholungen machen kannst und du nicht zurückgeworfen wirst, wirst du genau diese Zeiträume benötigen und diese effektiv nutzen. Lieber zehn tolle Wiederholungen als 100 halbherzige mit etlichen Fehlern. Und nun wird dir klar werden, warum du das Pfeifenspiel in jeder erdenklichen Lage machen wirst. Somit leitet dein Hund ab: Immer wenn sie pfeift, ist es egal, wo wir sind und wie hoch die Ablenkung ist, ich komme immer zu meinem Menschen –, denn die Option des Nicht-Kommens existiert gar nicht, da es immer und überall Geltung hatte, auf den Pfiff/Rückruf zu kommen, und zwar schnell zu kommen!

AUSBILDUNG ALS BRÜCKE ZU EINER GUTEN ERZIEHUNG

Durch reine Ausbildungsinhalte wie Sitz, am Fuß gehen, Unterordnung, Pfötchen geben, eine Rolle drehen, einen Gegenstand apportieren oder den perfekten Rückpfiff beherrschen, können keine grundlegenden Defizite in der Erziehung behoben werden. Jedoch ist es möglich, dass kleine und leichte Übungen das Miteinander zwischen dir und deinem Hund verbessern und eure Beziehung stärken. Als Beziehung zueinander sehe ich die Kommunikation zwischen zwei Parteien, in dem Fall zwischen dir und deinem Hund.

Neben der Erziehung eines Welpen ist ein schöner Ausgleich über das Pfeifenspiel sinnvoll.

Da in der Ausbildung rein positiv gearbeitet werden kann und meines Erachtens auch gearbeitet werden sollte, wird ausschließlich das korrekte Verhalten und die korrekte Ausführung oder Position belohnt und bestätigt, also positiv verstärkt. Positiv zu arbeiten schafft natürlich ein Band, eine Verbindung, die sehr wichtig ist. Das ist in der Aufbau- und Lernphase von großer Bedeutung, um keine falschen Inhalte zu vermitteln. Das bedeutet, der Mensch kann seinen Hund auf diesem Weg gut kennenlernen, um eine gemeinsame Sprache als Basis der Kommunikation zu finden. Es zeigt sich dadurch auf, was genau von Seiten des Menschen nötig ist, um die Kooperationsbereitschaft des Hundes zu fördern. Ohne Kooperation entsteht keine Zusammenarbeit und ohne diese Zusammenarbeit fällt ein wirklich echtes gemeinsames Leben schwer.

Dann ist es nur ein Nebeneinanderher leben, anstatt mit einem unsichtbaren Band verbunden durch die Welt zu gehen. So kann das Pfeifenspiel, ein Ausbildungsinhalt, auch eine wunderbare Brücke schlagen, um die Leinenführigkeit bei deinem Hund zu verbessern. Wir arbeiten dabei gerne mit kurzen Wechseln zwischen der erzieherischen Komponente – mein lieber Hund, halte den Raum um mich herum ein und ich teile dir sowohl mit,

wenn du das gut machst als auch, wenn du eine Grenze überschreitest – und dem rein positiv verstärkten Pfeifenspiel, also dem Aufbau des sicheren Rückpfiffs.
Wie genau das funktioniert mit dem Pfeifenspiel und welcher Schritt sich für diesen Part am besten eignet, wirst du im Laufe des Buches noch erfahren. Es gibt aber noch einen interessanten Punkt, weshalb scheinbar alltägliche Ausbildungsinhalte wie beispielsweise ein festes und zuverlässiges Sitz dich bei der Erziehung unterstützen können. Und zwar deshalb, weil du dabei lernen kannst, verbindlich zu sein und darüber auch viel über dich und über deinen Hund erfahren wirst. Wie lange dauert es, bis du es schaffst, deinem Hund zu vermitteln, was du möchtest? Woran genau liegen die Verständigungsschwierigkeiten? Wie durchsetzungsstark bist du und wie ist das bei deinem Hund? Was genau braucht es als nachhaltige Bestätigung für deinen Hund, um ein neues Verhalten zu lernen? Welcher Zeitraum ist für ein Training geeignet? Wie solltest du dich fühlen, um etwas Neues zu vermitteln? Wo sind deine Grenzen der Aufnahmebereitschaft und wo die deines Hundes? Du siehst, über solche Strukturen kannst du viel lernen, was dir auch in der konsequenten Erziehung helfen wird.
Durchdenke vorher, wie du dein Training aufbauen möchtest und bedenke auch die Fehlerquellen, damit du wirklich gut vorbereitet bist. Hat dein Hund Panik, wenn es donnert, dann natürlich nicht bei Gewitter das Training starten. Weißt du, dass deine Familie gleich in den Garten kommt und dein Hund diese Ablenkung noch nicht aushält, dann warte noch ab, bis es wieder ruhig ist. Den Rückpfiff zu trainieren ist keine reine Linie, die jeden Tag gleich gut läuft. Es ist ein ganzheitliches Konstrukt, bei dem viele Faktoren Einfluss haben können. Wie fühlst du dich heute, wie geht es deinem Hund? Deshalb durchdenke, plane und handle dann erst. Weitere Fehlerquellen findest du in den genauen Abläufen am Ende der detaillierten Handlungsschritte.

Kann dein Hund den Rückruf zuverlässig, dann geht es auch ohne Leine.

SCHNELLE ENTSCHEIDUNGEN

Sobald du nun beginnst mit deinem Hund in eine kooperative Zusammenarbeit zu starten, wirst du eines merken: Du solltest schnell sein im Denken und Handeln! Du bist nun die Person, die ihrem Hund etwas ganz Klares vermitteln möchte, deshalb sollten dir zunächst die Theorie, dann die praktischen Schritte in Fleisch und Blut übergehen, damit du immer handlungsfähig bleibst. Du hast mit deinem Hund an der Leine, der nun etwas lernen soll, keine Zeit mehr lange die Dinge zu durchdenken, denn dein Hund wird sonst nicht verstehen, was genau er tun soll. Deshalb empfehle ich dir, zunächst mit einem anderen Menschen als Testperson zu üben und dich zu vergewissern, ob die Handlungsschritte bei dir sitzen und korrekt sind, denn dann sollte dein Partner begreifen, was er machen soll und was dein Ziel ist. Oder du nimmst dir ein Plüschtier und machst erstmal heimlich Trockenübungen, bevor du dich an deinen Hund wagst. Auch eine bloße Leine ohne Hund kann dir schon helfen die Schritte zu verinnerlichen, ohne am Ende mit Hund über jeden Fußtritt nachdenken zu müssen. Denn ich verspreche dir, das sieht alles leicht aus, liest sich auch einfach, aber es ist wirklich viel, was innerhalb von Sekunden alles zu tun ist: Langsam gehen, die Leine korrekt führen, die Pfeife im Mund, auf den Hund und seine Bewegungen achten, sofort reagieren, pfeifen, umdrehen, notfalls den Hund über die Leine blockieren, schneller weggehen, den Hund im Augenwinkel beobachten, stoppen, belohnen usw. Wenn das alles erstmal klar ist, dann geht es wie Auto fahren wie von selbst. Du brauchst also einen freien Kopf, um beim Training mit der Pfeife jederzeit die Bewegungen deines Hundes wahrzunehmen. Du wirst keine Zeit haben nachzudenken, was als nächstes drankam. Und ich versichere dir, du wirst irgendetwas vergessen oder nicht sehen, wenn du vorher kein einziges Mal Trockenübungen gemacht hast.

Fridolin ist voller Erwartung und extrem schnell. Du solltest immer einen Schritt voraus denken.

Das ist fair deinem Hund gegenüber, damit er gleich das Richtige von dir lernen kann und ihr dann nichts korrigieren müsst. Also nimm dir erst die Zeit nachzudenken, ohne Hund die Umsetzung zu üben und dann in die Handlung mit Hund zu kommen. Durchdenke auch die Eventualitäten, wie zum Beispiel: Dein Hund verlässt dich sofort nach der Belohnung wieder, was ist zu tun? Das ermöglicht dir in jeder Situation schnell zu entscheiden und diese Entscheidung mit dem richtigen Handlungsschritt umzusetzen.

ALTE GEWOHNHEITEN LOSLASSEN/VERÄNDERUNGEN WAGEN

Menschen sind Gewohnheitstiere und bleiben allzu gerne in bekannten und alt bewährten oder auch weniger bewährten Mustern hängen. Das haben wir schon immer so gemacht, und es vereinfacht uns den Alltag viele Dinge auf Autopilot zu schalten. Denn sonst wären wir im Leben ständig gnadenlos überfordert. Um aus diesem Karussell auszusteigen ist es zum einen unerlässlich Ziele zu setzen, und zum anderen alte Gewohnheiten zu überdenken.

Hunde geben oft Anlass zur Veränderung. Wenn du etwas verändern möchtest, solltest du alte Gewohnheiten loslassen.

Dabei darf es gerne um Gewohnheiten mit deinem Hund gehen, die dir vielleicht weniger unterstützend zur Seite stehen könnten, um etwas Neues zu etablieren. Mit kleinen Dingen starten, um dein Gehirn für Veränderungen fit zu machen. Es fällt manchmal schwer aus dem alltäglichen Trott und den Routinen auszusteigen, weshalb zunächst kleine Dinge große Türen öffnen werden. Du kannst mit ganz kleinen Veränderungen starten: Nimm zum Beispiel eine neue lange Leine, die du dir extra für den Rückruf besorgt hast, oder nutze ein spezielles Halsband, das dich auf eine Veränderung in deinem Alltag hinweist. Trinke morgens Tee statt Kaffee oder lauf in eine ganz neue Richtung, einmal links statt recht herum. Welche Kleinigkeiten könntest du im Alltag noch ändern, um alte Gewohnheiten hinter dir zu lassen und neue einzuführen, die dich dann mit deinem Hund in eine Richtung treiben?
Ich möchte dich zu einem neuen Denken anregen, dass ein Rückpfifftraining kein hartes, langweiliges und wiederkehrendes Training ist, das du in deinen Alltag integrieren MUSST. Es wird zu einem festen und vor allem freudigen Bestandteil deines neuen Lebens mit Hund, bei dem du kein umständliches Zusatzmaterial benötigst außer deinem Hund, einer Pfeife oder einer schönen Rückrufmelodie, einem Halsband/Geschirr und einer langen Leine.

ZIELE SETZEN UND SIE ERREICHEN

Eine bestimmte Frage solltest du dir stellen und beantworten können: Was genau möchte ich erreichen?

Mein Ziel sind freudige Hunde mit viel Spaß am Leben, die in jeder Lage zuverlässig und schnell zu mir kommen.

Bevor du startest solltest du dir ganz genau bewusst machen, was genau dein Wunsch ist für das Training mit deinem Hund. Was möchtest du dabei erreichen? Dein Ziel für einen zuverlässigen Rückruf oder für das Training oder die Erziehung deines Hundes musst du ganz klar und deutlich beschreiben und es dir vor deinem inneren Auge ausmalen. Verbinde Emotionen damit, wie es sich anfühlt, wenn dein Ziel erreicht ist.

Erst nach genauer Visualisierung, wenn du dir exakt vorgestellt hast, wie dein Ziel aussieht, ist es wirklich ein Ziel. Die Formulierung deines Ziels muss dabei positiv sein, denn ein „Ich will nicht!" kann dein Gehirn nicht verarbeiten. Das „Nicht" findet keine Bedeutung in deiner bildlichen Vorstellung.

Der Gedanke: „Ich will nicht, dass mein Hund weiterhin zu anderen Hunden hinrennt", beinhaltet für deinen Kopf ganz deutlich das Bild deines Hundes, wie er zu anderen Hunden hinrennt. Das „nicht" kann unser menschlicher Geist nicht fassen und es wird in unseren Bildern im Kopf immer weggelassen. Zielsetzungen, die eine Negation enthalten, wie „kein" oder „nicht", sind keine richtigen Ziele, sondern lassen dich immer im Problem stecken bleiben. Das gilt übrigens im gesamten Leben, nicht nur im Hundetraining oder der Erziehung. Wenn du dir beispielsweise vornimmst: „Ich möchte nicht mehr so viel arbeiten", dann siehst du dich automatisch am Schreibtisch sitzen und eine Uhr, auf der es viel zu spät ist und schon findet das Nicht keinen Platz mehr in deinen Gedanken.

Die Formulierung deiner konkreten Ziele braucht ein wenig Übung, um die Bilder in deinem Kopf zum Leben zu erwecken. Das Ziel „Ich möchte, dass ich früher nach Hause gehen kann“ beinhaltet immerwährend den Wunsch danach, früher Heim gehen zu können und wird deshalb immer ein Wunsch bleiben. Und wieder bleibst du im ursprünglichen Problem hängen. Der Wunsch nach Veränderung, aber keine Änderung. Also streiche auch das „Ich wünsche mir, dass ...“, „Ich möchte gerne ...“ und „Ich will ...“ oder „Mein Hund soll/soll nicht ...“ von deiner Zielsetzungsformulierung. Dein Gehirn kann nämlich ebenso wenig unterscheiden, ob ein Ziel schon eingetreten ist oder nicht. Das ist wie mit unseren Träumen. In dem Moment, wo wir schlafen und träumen, können wir nicht von Traum und Wirklichkeit unterscheiden. Manchmal dauert es nach dem Aufwachen auch noch einen Moment bis wir wissen, ob das eben Erlebte Realität oder Traum war. Deshalb ist es sinnvoll dem Kopf Dinge so zu vermitteln, als wären sie schon eingetreten.

Ein kurz und klar formuliertes Ziel ist also: „Mein Hund kommt auf meinen Rückpfiff aus jeder Situation blitzschnell zu mir gerannt!“ Doch in dieses Bild gehst du tiefer und machst dir dazu Gedanken. Dein Hund sieht einen Hasen auf der Wiese hochspringen, doch dann pfeifst du oder rufst ihn und blitzschnell dreht er ab und kommt im gestreckten Galopp freudig und gut gelaunt zu dir gerannt. Zeichne diese Bilder in deinem Kopf, wie sieht dein Hund dabei aus, wie fröhlich springt er dir entgegen und wie glücklich bist du über diesen wunderbaren Erfolg? Und was bist du nun bereit dafür zu tun, dass dieses Ziel erreicht wird? Mit Sicherheit investierst du in dieses Bild mehr

Male dir ein Bild von deinem Hund aus, wie euer Leben aussehen soll.

als in ein emotionsloses: „Der soll einfach kommen, wenn ich rufe." Dieses sehr wenig emotionsgeladene Ziel wird dich spätestens nach ein paar Wochen in alte Gewohnheiten zurückkehren und das Training beenden lassen, ohne dass du es überhaupt merkst.
Schreibe dir deine ganz konkrete Vorstellung so detailliert wie möglich auf ein Blatt Papier und pinne es dir an einen gut sichtbaren Ort. So stellst du sicher, dass du deinen Wunsch zu einem klaren Ziel werden lässt und nicht aus den Augen verlierst. Formuliere also ganz deutlich dein Ziel für dich mit deinem Hund oder deinen Hunden. Und nun setzt du dir einen Zeitraum, bis wann du dieses Zeil erreicht haben wirst. Sei dabei großzügig, damit du nicht unter Druck und Stress gerätst. Da es beim Rückpfiff eine recht konkrete Zahl gibt, wie viele Wiederholungen zu 100 Prozent Verlässlichkeit führen, kannst du dir ausrechnen, wie oft du trainieren möchtest, und anhand konkreter Zahlen deinen Fortschritt ausrechnen und notieren. Führe dazu am besten ein Trainingsbuch. Und denke daran, es wird ein schönes Spiel mit deinem Hund und dabei ist auch der Weg zum Ziel ein Ziel. Ein Ziel ist es, wenn du schreibst: „In einem halben Jahr wird mein Hund vom Spielen mit einem Hundekumpel auf meinen Rückpfiff zurückkommen ...", „In einem Jahr wird er sich vom Jagen eines Rehs am Waldrand zurückpfeifen lassen" und „In 15 Monaten wird er nur noch bei mir bleiben, um mit mir das Pfeifenspiel zu spielen." Mit solchen Vorstellungen wirst du es auch schaffen. Es geht darum, welche Art von Leben du mit deinem Hund führen möchtest. Weg von Stress und Ärger hin zu entspanntem Umgang miteinander.
Zielsetzungen bringen dich dazu, nicht nur zu träumen, sondern ins Handeln zu kommen. Sie sind eine Orientierungshilfe für dich und deinen Geist. Außerdem wirst du dich weniger schnell davon ablenken lassen, wenn du es im wahrsten Sinne täglich direkt vor Augen hast. Aufschreiben ist hierbei ein Schlüsselelement!
„Schreibe dir dein großes Ziel als Überschrift auf ein Blatt Papier, das du dir gut sichtbar in der Wohnung an die Wand pinnst. Darunter beschreibst du so detailreich wie möglich, welche Emotionen und Gefühle du mit dem erreichten Ziel in konkreten Situationen erleben wirst! Ergänze einen Zeitraum, bis wann du dein Ziel erreicht haben möchtest."
Du wirst alles, was es braucht, um dein Ziel zu erreichen, standhafter umsetzen, wenn du es bereits vom Start der Veränderung detailliert formuliert hast.

Nun geht es weiterhin darum, konkrete Schritte zu planen.

DAS PFEIFENSPIEL BEGINNT

FRÜH ÜBT SICH, …

… wer gut hören will!

Du benötigst wenig, um viel zu erreichen.

Die perfekte Ausrüstung

Für einen wirklich einwandfreien Rückpfiff empfehle ich eine Hundepfeife von ACME zu benutzen und zwar aus folgendem Grund: Die erzeugte Melodie einer guten Hundepfeife ist mit etwas Übung immer gleich bleibend und kann nicht verwechselt werden. Mit einer Pfeife bleibt dein Rückpfiff immer identisch, unverwechselbar und ist stets emotionslos.

Außerdem kann sich die ganze Familie diese Pfeife in jeder beliebigen Wunschfarbe bestellen, damit jeder individuell mit dem Hund oder den Hunden trainieren kann. Die Tonlage, auf die die Pfeife eingeschliffen ist, steht auf der Pfeife gestanzt und kann immer im gleichen Ton erworben werden.
Wenn mehrere Personen den Rückpfiff mit einem Hund üben möchten, dann ist es ratsam sich auf einen Pfiff, zum Beispiel zwei einzelne, kurze Pfiffe schnell hintereinander zu einigen und dann separat mit dem Hund zu trainieren. Denn letztendlich klingt der Pfiff von verschiedenen Personen immer etwas anders. Daran kann sich dein Hund gewöhnen. Sehr sensible Hunde reagieren sehr genau und deshalb sollte jede Person einzeln mit dem Hund ihren Pfiff üben, auch wenn er für den Menschen identisch klingt.
ACME-Hundepfeifen gibt es in allen erdenklichen Farben. Meine Empfehlung geht zu einer Neonfarbe, da man diese beispielsweise auch im Gras wiederfinden kann oder, wenn man sie in der Wohnung mal verlegt hat, gut

sichtbar ist. Da ist auf jeden Fall das Passende für dich dabei. Nichts destotrotz ist auch die Einführung eines Wortes zum sicheren Rückruf sinnvoll und ich rate dir auch dazu, alle Schritte parallel mit einem Wort zu verbinden. Wie du das machen kannst, erkläre ich dir später.

EIN RÜCKRUFWORT

Selbstverständlich kannst du mit allen Schritten, die hier beschrieben werden, auch immer ein Rückrufwort einführen, am besten zusätzlich, wenn du deine Pfeife einmal nicht dabei hast. Deshalb gehört ein Rückrufwort oder eine Rückrufmelodie ebenso zur perfekten Ausrüstung, bevor es in die praktische Umsetzung gehen wird.

EMPFEHLUNG FÜR EIN RÜCKRUFWORT

Ich empfehle dir, dich beim Rückrufwort für eine schöne Melodie zu entscheiden, beispielsweise „Räuber, Räuber", „Schatzi, Schatzi", „Cappucciiinooo" – also alles, was du nur fröhlich sagen und rufen kannst.

Meist werden Wörter wie „Komm her!" oder „Hier!" emotionsgeladen ausgesprochen, weshalb ich davon abrate. Zudem nutzt diese Wörter fast jeder für seinen Hund, um ihn zurückzurufen. Du kannst deinem Hund zwar beibringen, dass er auf dein Wort auch nur zu dir kommt, denn das wird dir auch mit der Pfeife gelingen, aber dennoch kannst du an dieser Stelle deiner Kreativität freien Lauf lassen und dir etwas wirklich Schönes und Individuelles für deinen Hund ausdenken.

Der Name sollte nicht zum Rückrufwort werden, denn dieser wird separat auf der erzieherischen Ebene beigebracht und nicht regelmäßig mit einer Belohnung in Form von Leckerchen oder ähnlichem verbunden. Wie du den Namen auf wundervolle spielerische Weise zu einem festen Band und einer stabilen Verbindung zwischen euch machen kannst, indem du dafür viel Lob und Liebe nutzt, kannst du im Buch „Das feine Führen" nachlesen. (siehe S. 125, Zum Weiterlesen)

EINE GEEIGNETE LEINE

Eine Leine dient der hundertprozentigen Absicherung deines Hundes, damit während der Vermittlung des sicheren Rückrufs auch wirklich nichts schief gehen kann. Geeignet ist eine dünne, leichte und drei bis fünf Meter lange Leine, die dein Hund auch mal hinter sich herziehen kann, ohne sich

Die Gesundheit deines Hundes steht an oberster Stelle.

völlig zu verausgaben, weil sie so schwer ist, oder du ständig darauf trittst, weil sie so lang und breit ist. Wir nutzen flache Lederleinen zwischen 8 und 12 mm breit. Diese sind reißfest und verfitzen nicht so einfach. Ebenso eignet sich biothanes, wasserabweisendes Material.

HALSBAND ODER GESCHIRR

Ob du deinen Hund an einem Halsband oder einem Geschirr befestigst, liegt in deiner Verantwortung. Am besten arbeitest du mit genau der Art und Weise, wie du es bisher immer getan hast. Falls du den Eindruck hast, dass dir dein Hund noch sehr oft in die Leine rennt, dann nutze besser ein Geschirr. Das Ziel soll sein, dass du beides bald nicht mehr zur Absicherung benötigst. Stelle sicher, dass dein Hund keine körperlichen Beeinträchtigungen bekommt. Denn die Gesundheit steht an erster Stelle.

TOLLE BELOHNUNGEN

Da wir uns im Bereich des Trainings befinden, setzt du Belohnungen als Verstärker für ein korrektes Verhalten ein. Diese sollten genau das sein, was dein Hund am liebsten mag und nichts, was er nur ein klein wenig leiden kann. Damit du ganz ausgezeichnetes Verhalten mit einer ganz besonderen Spezialität belohnen kannst, nutzt du deine Liste von 1 bis 3 (siehe Seite 36), mit den wichtigsten Belohnungen für deinen Hund, die ihn extrinsisch motivieren, in voller Leistungsbereitschaft mit dir zu arbeiten. Eine Belohnung kann auch ein ganz besonderes Spielzeug sein. Da du es beim Pfeifenspiel immer dabei haben solltest, ist es ratsam, wenn es in deine Tasche passt, denn du solltest es nicht die ganze Zeit offensichtlich mit dir herumtragen. Sonst besteht die Gefahr, dass dein Hund nicht mehr nachdenken wird, da sein Fokus auf dem Spielzeug liegt und er seine Umwelt gar nicht mehr wahrnimmt.

Halte Belohnungen griffbereit, aber verstaue sie in einer Tasche.

5000-MAL DIE RICHTIGE LÖSUNG

Um dieses Ziel zu erreichen, darf dein Hund in der Lernphase nur die richtige Lösung finden. Punkt! Jede Unachtsamkeit im Straßenverkehr kostet dich am Ende deinen Führerschein und du fängst wieder bei Null an. Und jedes Mal, wenn dein Hund den Erfolg hat, beim Rückpfiff nicht zu kommen, fängst du wieder bei Null an oder zumindest wirft es dich in allem, was du vorher aufgebaut hast, wieder weit zurück. Wie genau machst du das, wirst du dich jetzt fragen? Wenn du pfeifst, weil dein Hund gerade ein Reh jagt, und er dann nicht kommt …? Vielleicht ahnst du es? Du wirst es in der Lernphase immer mit einer Leine absichern UND deinen Hund nicht pfeifen, wenn er frei ist und sich in einer ausgesprochenen Extremsituation befindet. Du wirst da gerne auf und ab springen, hinterherrennen oder wie Rumpelstilzchen in den Boden stampfen, aber du wirst nicht die Pfeife benutzen und mal so nebenbei testen, ob es vielleicht doch schon klappt, obwohl du erst bei Schritt 1 des Pfeifenspiels bist und das Ganze seit einer Woche 30 Mal gemacht hast.

Viele FEHLERFREIE Wiederholungen sind ein Muss.

WICHTIG!

Ist dein Hund ein Junkie mit gewissen Dingen wie einer Frisbeescheibe, dann rate ich dir davon ab, diese als Belohnung zu nutzen. Es trägt sonst eine hohe Wahrscheinlichkeit mit sich, dass dein Hund die eigentlich geforderten Schritte gar nicht versteht, da er zu abgelenkt ist.

VORBEREITUNG - DER PFIFF AN DER FUTTERSCHÜSSEL

Der einfachste erste Schritt, deinen Hund an den Ton der Pfeife zu gewöhnen und in seinem Gehirn eine positive neuronale Verknüpfung zu kreieren, ist, wenn du täglich bei der Gabe des Futters die Pfeife erklingen lässt und zwar in genau dem Ton, wie du deinen Hund später zurückpfeifen möchtest. Nutze das drei Tage bei jeder Futtergabe. Solltest du in der glücklichen Lage sein, selbst Welpen groß zu ziehen, dann mach den späteren Besitzern und dir selbst eine Freude und pfeife immer, wenn das Futter kommt. Umso früher damit begonnen wird, umso fester und nachhaltiger ist es später abrufbar. Aber auch erwachsene Hunde erkennen schnell den Sinn dieses speziellen Tons. Ganz nach dem Gesetz von Pawlow.

1.

Sobald das Futter fertig ist, kannst du dich bereit machen, deinen Rückruf zu benutzen. Lisbeth wartet gespannt.

2.

Die Pfeife befindet sich bereits im Mund. Ich gehe entspannt zu Lisbeth nach unten.

3.

Kurz bevor Lisbeth mit dem Fressen beginnt, ertönt mein Pfiff.

DIE PRAKTISCHE ARBEIT MIT DER PFEIFE

Auf geht's in die praktische Umsetzung.

Schritt 1:

Eingewöhnung: Den Rückruf mit einer Handlung verbinden

Jetzt geht es also los mit den praktischen Schritten. Im ersten Schritt wirst du deinem Hund vermitteln, dass es immer auf den gezielten Pfiff hin eine tolle Belohnung in deiner Nähe gibt.

Das wird ab sofort für eine Weile regelmäßig der Auftakt und Start für dein Rückruftraining. Hier bewegst du dich nur ein bis zwei Schritte und wirst später mehr Bewegung und Energie in euer gemeinsames Spiel bringen. Dein Hund wird jetzt lernen, erst einmal überhaupt das Signal des Rückrufs mit einer Handlung zu verbinden.

Ab jetzt gilt: Dein Hund DARF nun in der Lernphase KEINE Fehler machen. Also eigentlich darfst DU keine Fehler machen, denn dein Hund macht immer alles richtig und kann tatsächlich nichts dafür, wenn du einige wichtige Punkte vergisst. Mach dir vorher gedanklich einen Plan, den du dann ganz bewusst umsetzen kannst, um alles korrekt zu vermitteln.

Damit du alles korrekt aufbauen kannst, beginnst du zunächst damit, deinem Hund zu zeigen, dass es nun für den Pfiff immer eine tolle Belohnung gibt. Ein wenig kennt er das schon von der Futtergabe. Es gilt für diesen und alle weiteren Schritte immer alles gleichermaßen für ein Rückrufwort oder den Pfiff. Beides werde ich als Rückruf beschreiben. Während des Aufbaus eines sicheren Rückpfiffs kannst du eine Mahlzeit deines Hundes draußen verwenden, sodass du keine Kalorien zählen musst und dein Hund noch fester bei der Sache bleibt.
Das Synonym Belohnung steht in der Folge deshalb immer für die Gabe von Futter, Beute, einem Spiel oder ähnlichen Dingen, die zur Motivation deines Hundes passen und die du somit als Motivierung nutzen kannst.

Vermeide, dass dein Hund sich verfitzt.

1 Führe deine Leine locker in der Hand, aber lass sie nicht durchhängen.

2 Schließe und öffne die Hand, um deinen Hund sicher zu führen.

3 Lass die Leine durch deine Hand gleiten.

4 Schließe sie, um deinen Hund zu blockieren.

LEINENHANDLING

Da du nun regelmäßig eine recht lange Leine mitführst, ist es wichtig, diese sinnvoll zu führen und fit im Umgang damit zu werden, damit sich dein Hund nicht ständig darin verfitzt, du ihm die Beine verdrehst, selbst stolperst oder alles entwirren musst. Denn es soll ja Spaß machen. Eine lange Leine führst du am besten, indem du sie etwa 50 cm hinter dem Halsband oder Geschirr greifst, damit sie zwar locker ist, aber nicht komplett durchhängt. Den Rest wickelst du nicht auf, sondern lässt das lange Ende nach hinten herunterhängen und über den Boden schleifen. Deine Hand hältst du locker und legst im Notfall den Daumen oben auf die

1

Leine, sodass du einen Stoppeffekt einbauen kannst.
Verlässt dich dein Hund oder gehst du von ihm weg, dann lässt du das lange Ende der Leine durch deine Hand gleiten bis zum Schluss der Leine. Dort sollte bestenfalls eine Mar-

2

3

kierung wie ein Knoten sein, damit sie nicht vollkommen aus deiner Hand rutschen kann.

Schließt dein Hund wieder zu dir auf, dann nimmst du deine zweite Hand und ziehst das Endstück wieder durch deine Führhand, damit die Leine nie in kompletter Länger zwischen den Hundebeinen oder deinen Beinen hängen kann. Das könnte gefährlich werden und es könnte sich jemand verletzen, wenn ein großer Knoten entsteht.

4

BELOHNUNG MIT FUTTER/LECKERLI

Finde eine Belohnung, die deinen Hund wirklich überzeugt und begeistert. Solltest du mehrmals am Tag Futter geben, kannst du viele Varianten des Futters mit nach draußen nehmen und damit in den ersten drei Wochen den Rückpfiff trainieren. Da dein Hund in diesem Moment hungrig ist, wird er noch besser auf die Übung und dessen Belohnung fokussiert sein. Solltest du Leckerli benutzen, dann keine gewöhnlichen Stücke und vor allem etwas Kleines und Weiches, das dein Hund schnell kauen und schlucken kann. Für diese Arbeit kannst zu Beginn Käsewürfel und Stücke von Wienerwurst nutzen, die du wirklich ganz klein schneidest. Vermeide große Brocken, denn umso weniger Wiederholungen kannst du machen. Bitte zieh diese Leckereien von der täglichen Futtergabe ab.

1

2

3

1 Mit dem Rückruf wird Lani mit Hilfe der Futterhand zum Menschen geführt.

2 Lani folgt ihrem Menschen zwei Schritte.

3 Beide bleiben stehen und Lani wird mit dem Leckerli belohnt.

1

BELOHNUNG MIT SPIELZEUG/BEUTE

Sollte dein Hund wirklich gar keine Leckerli annehmen, sondern für Beute/Spielzeug brennen, dann kannst du ein Spielzeug zur Belohnung verwenden. Die Abfolge bleibt dabei in allen Schritten gleich. Für die Belohnung mit Beute/Spielzeug ist es sinnvoll, dass dein Hund dieses auch bereitwillig wieder ausgibt, damit du weiterarbeiten kannst. Denn es ist enorm wichtig, dass du nun in dem einen Bereich des Rückrufs bleiben kannst. Für die sichere Lernatmosphäre ist es ebenso wichtig, dass du erst einmal ohne Ablenkung beginnst wie auch, dass du bei einem Thema bleiben kannst. Wenn du nun für den Rückruf belohnen möchtest, dann aber eine Diskussion mit deinem Hund führst, dass er die Beute wieder ausgeben soll, wird dein Hund nicht die Möglichkeit haben, wirklich das Wesentliche der Übung zum Rückruf zu verstehen. Das Lernfeld ist dann einfach zu groß und undurchsichtig.

2

3

1 Ich nutze den Rückruf und halte ein Spielzeug in der Tasche bereit.

2 Frodo kommt bei mir an und ist gespannt.

3 Die Belohnung erfolgt über ein Zerrspiel.

INFO

ALLGEMEINE HANDLUNGSSCHRITTE FÜR ALLE WEITEREN SCHRITTE

1. Du bist ausreichend mit hochwertigen Belohnungen/einem Spielzeug versorgt.
2. Die Pfeife ist in deinem Mund und hängt nicht herunter, damit du schnell genug pfeifen kannst.
3. Dein Hund ist an einer 3 bis 5 Meter langen Leine.

ABLAUF EINGEWÖHNUNG

1. Du hast drei Stückchen Futter in der Hand.
2. Halte sie deinem Hund vor die Nase, damit er den Kopf in deine Richtung dreht.
3. Locke deinen Hund mit dem Futter zu dir (aber halte es noch fest).
4. Gehe einen Schritt zurück und pfeife gleichzeitig. Dabei gibst du das erste Stückchen Futter.
5. Wiederhole diesen Vorgang 3 Mal.

Rudi hat nur noch Augen für seinen Menschen.

Schritt 2:

Komm mit, lauf weg!

Es geht weiterhin darum, erst einmal in deiner Nähe zu arbeiten, nicht auf weite Entfernung. Das erscheint anfangs seltsam, denn schließlich möchtest du deinen Hund doch aus der Entfernung zu dir pfeifen können.

Hier darfst du etwas umdenken, denn erst was in der Nähe gut und ausgezeichnet klappt, kann in die Entfernung transportiert werden. Denke daran, dass wir für dich und deinen Hund ein Spiel aus dem Rückpfiff machen, sodass er gerne zu dir kommen will und nicht muss.

Dieser Schritt ist einer der elementarsten Schritte des ganzen Spiels und darf ein Leben lang wieder genutzt, geübt und gefestigt werden.

Deshalb werde ich diesen auch ganz ausgiebig und detailliert, mit allen Varianten und Facetten beschreiben.
Wichtig ist, dass Hund und Mensch dabei ein Lächeln auf den Lippen haben, denn was gibt es Schöneres als einen oder mehrere fröhliche Hunde, die dir freudig folgen.
Am besten übst du diesen Schritt erstmal mit einem Freund oder einer Freundin oder einem Plüschtier, ganz ohne deinen Hund. Denn so leicht, wie das ganze aussieht, ist es nicht. Es gibt viele Kleinigkeiten zu bedenken und im Kopf erstmal zu ordnen. Beim Zuschauen sieht es oft einfach aus, aber in der Praxis ist es anders. Wenn für dich dann wirklich alles klar ist und du eindeutig und schnell bist, dann nimmst du deinen Hund und bringst ihm das Spiel mit der Pfeife bei.
Das Synonym Belohnung/belohnen steht in der Folge immer für die Gabe von Futter, Beute, einem Spiel oder ähnlichen Dingen, die zur Motivation deines Hundes passen und die du somit als Motivierung nutzen kannst. Was das ist, kann völlig verschieden sein. Es sollte aber etwas sein, für das dein Hund echt brennt und wofür er die Welt ein reißen würde.
Ich empfehle dir für diese Arbeit Käsewürfel und Stücke von Wienerwurst. Die meisten Hunde sind damit leicht zu begeistern. Bitte zieh diese Leckereien von der täglichen Futtergabe ab, damit dein Hund nicht unerklärlicherweise dicker wird.

1

2

3

4

5

DER ABLAUF

Du startest mit der Vorbereitung wie oben beschrieben. 3 Mal Pfiff – 3 Mal Belohnung und dein Hund ist dabei vor dir.

– Die Pfeife ist und bleibt immer in deinem Mund.
– Die Leine hast du in der Hand.
– Du sprichst deinen Hund **nicht** an.
– Setze dich ganz langsam in Bewegung, wirklich ganz langsam in „Kaffeebohnenschritten".
– Ein Auge darf nun auf deinen Hund gerichtet sein, damit du siehst, wohin er sich bewegt.
– Sobald dein Hund die Aufmerksamkeit von dir abwendet (den Kopf wegdreht, schnüffelt, nach vorne geht oder nach hinten hängt) kommt **sofort** dein Rückpfiff.
– Im Moment des Pfiffs, drehst du dich um 180 Grad von deinem Hund weg und gehst mit großen, zügigen Schritten in die entgegengesetzte Richtung, in die dein Hund läuft.
– Dabei schaust du ihn nicht an und drehst dich nicht um. (Das ist schwer, viele Menschen neigen dazu, hier ständig ihren Hund zu beobachten.)

1 Schon dieses Abwenden von Lotte ist Grund für den Rückruf.

2 Lottes Aufmerksamkeit liegt auf der Umgebung. Die Leine wird nachgegeben.

3 Ihr Mensch dreht sich um und geht schnell in die entgegengesetzte Richtung.

4 Erst am Ende der Leine wird Lotte blockiert. Sie dreht sich um und folgt.

5 Der Mensch entfernt sich so lange, bis der Hund aufgeholt hat.

6 Erst jetzt wird ausgiebig 3 Mal belohnt.

6

„Kaffeebohnenschritte"

– Geht er voran, drehst du um und gehst zurück.
– Hängt er nach hinten, gehst du nach vorne.
– Geht er nach links, gehst du nach rechts usw.
– Du bleibst so lange in deinem schnellen Tempo, bis dein Hund bei dir angekommen ist.
– Sollte er dir nicht folgen, kommt ein kurzer Zug auf die Leine, somit stellst du sicher, dass dein Hund wirklich kommen wird.
– Gib deinem Hund die ganze Leinenlänge, sobald du pfeifst und weggehst.
– Ist er bei dir angekommen, gibt es seine Belohnung. Dabei ist es zunächst egal, ob er sitzt oder steht oder liegt und ob er vor dir ist oder neben dir.
– Nun zählst du langsam bis drei.
– Ist dein Hund immer noch bei dir, gibt es eine weitere Belohnung.
– Zähle erneut bis drei.
– Bleibt er immer noch, noch einmal belohnen.
– Jetzt startest du den gesamten Vorgang von vorne.
– Das bedeutet, du setzt dich wieder ganz langsam in Bewegung.

Bei dieser Übung geht es darum, dass dein Hund den Sinn des Rückpfiffs versteht. Er sollte sich so schnell wie möglich zu dir wenden und in hohem Tempo an dich herantreten.
Du fragst dich vielleicht, weshalb du deinen Hund immer 3 Mal belohnen solltest? Ganz einfach: Damit er lernt bei dir zu bleiben! Dein Hund verknüpft dadurch, dass eine schnelle Abholung der Belohnung und das anschließende Abwenden ihn nicht zum Ziel führen. Denn du würdest dich in diesem Fall wieder umdrehen und ihn zum Kommen in deine Richtung bewegen, notfalls über die Leine. Die genauem Schritte dazu findest du weiter hinten im Text.
Wenn du deinen Hund zu dir pfeifst, dann ergibt das nur Sinn, wenn er dann abwartet und bei dir bleibt, damit der Pfiff zu einem sicheren Rückpfiff und „Bleib bei mir“ wird und nicht in einem Ping-Pong-Spiel resultiert. Bei einem Ping Pong würde dein Hund kurz kommen, die Belohnung entgegennehmen und dich dann schnell wieder verlassen, um seinem eigentlichen Weg nachzugehen. Oder er lernt, sich auf Abstand zu dir aufzuhalten, damit der Pfiff ertönt, er herankommt und die Belohnung erhält und diese umso öfter bekommt, umso mehr er in der Entfernung bleibt und kurz deine Nähe aufsucht. Also behalte immer im Hinterkopf, was dein Hund verknüpft, wenn du Handlungsschritte umsetzt oder abänderst.
Nachdem dein Hund bei dir angekommen ist, bestehst du also darauf, dass er die Aufmerksamkeit verbindlich bei dir hält, bis du ihn anschließend tatsächlich wieder freigibst. Das geschieht über eine öffnende Handbewegung oder ein Wort zur Freigabe. Lass deinen Hund nicht allein entscheiden, wann er sich wieder von dir entfernen darf, sondern entlass ihn aktiv in die Freizeit.

Im Training ist schon diese Unaufmerksamkeit Grund für den Rückruf.

Es kann anfangs vorkommen, dass Zug auf die Leine kommt, bis der Hund folgt.

STOLPERSTEINE – WAS, WENN …?

… dein Hund gar nicht erst bei dir ankommt?

Sollte dein Hund gar nicht den Weg in deine Nähe finden, sondern ständig neue Ideen im Kopf haben, dann läufst du so lange wieder schnell von ihm weg, bis er bei dir ist, ohne dass du erneut pfeifst. Scheint das ein endloses Drama zu werden und er rennt immer wieder zu schnell an dir vorbei, dann wirst du spätestens nach dem dritten Mal die Leine deines Hundes schnell aufnehmen und sie kürzer fassen, sobald er sich nur ein wenig in deine Richtung bewegt. Somit hat er nicht mehr so viel Spielraum und du kommst dazu, ihn zu belohnen. Wiederhole unbedingt erneut die Vorbereitung zur Eingewöhnung und Belohnung. Lass die Leine dabei locker, aber nicht lang und hilf deinem Hund, indem du ihn ein wenig anleitest und mit der Leine zu dir führst, während du die Belohnung gibst. Anschließend startest du alle Schritte bis hierher von vorn.

… dein Hund dich nach der ersten oder zweiten Belohnung wieder verlässt?

Verlässt dich dein Hund nach der ersten Belohnungsgabe, dann pfeifst du sofort erneut und entfernst dich schnell vom Hund. Ebenso handelst du, wenn er dich nach der zweiten Belohnung verlässt, herumschaut oder sich entfernt. Danach belohnst du wieder 3 Mal, bis er bei dir bleibt.

... dein Hund nach wenigen Wiederholungen gar nicht mehr von deiner Seite weicht?
Es kann passieren, dass dein Hund sehr schnell versteht, was du von ihm möchtest, nämlich seine ungeteilte Aufmerksamkeit. Er schaut nun ständig zu dir und entfernt sich gar nicht mehr. Dann freust du dich wie verrückt und kannst schon mal hineinfühlen, wie es sich für dich im Spiel mit der Pfeife in den kommenden Einheiten, Tagen, Wochen, Monaten und Jahren anfühlen wird. Dennoch wirst du die Übung nicht abbrechen oder ewig warten, bis dein Hund endlich weggeht. Er hat nun Freude an dem Spiel gefunden und wartet ganz gespannt darauf, wann du dich wieder umdrehen und schnell weggehen wirst. Und genau das tust du nun, obwohl er dich aufmerksam ansieht. Du gehst ganz langsam, pfeifst und drehst dich blitzschnell um und gehst schnell weg. Nach vier bis fünf Schritten stoppst du, denn dein Hund wird schon bei dir sein, wofür du ihn belohnst.

FALLSTRICKE

Die Pfeife sollte sich immer in deinem Mund befinden, lass sie zwischendurch nicht fallen. Du wirst zu langsam sein, um auf die kleinen Abwendungen deines Hundes zu reagieren und verlierst

Schnelligkeit im Training zahlt sich aus und ihr werdet zum Team.

somit wertvolle Übungssituationen. Es wird umso länger dauern, bis dein Hund den Sinn des Ganzen versteht.

Dein Pfiff kommt zu spät

Der Pfiff wird in dem Moment abgesetzt, wenn du dich von deinem Hund abwendest und nicht dann, wenn du bereits weggegangen bist und darauf wartest, dass dein Hund kommt oder wenn er schon bei dir angekommen ist. Dein Hund soll lernen, sich nahezu in der Luft umzudrehen und zu dir zu fliegen, sobald du pfeifst. Dazu kann er nicht schon bei dir sein.

Du gehst viel zu schnell los

Beim Losgehen sprichst du deinen Hund wirklich nicht an und läufst ganz kleine, langsame Schritte. Denn wenn du bereits mit großen Schritten im schnellen Tempo startest, dann wird die gesamte spätere Abfolge hektisch und durcheinander. Das bringt Fehler und Folgefehler, die wir gerne vermeiden wollen. Erst beim Weggehen von deinem Hund wirst du schneller, rennst aber nicht, damit alles geordnet bleibt.

Du hast die Abwendung vom Hund verpasst

Es kommt häufig vor, dass der Mensch sehr lange läuft und viele Abwendungen des Hundes abwartet, bevor er reagiert. Nutze wirklich jede kleinste Abwendung von deinem Hund, wo er den Kopf dreht oder die Nase zum Boden nimmt, sich einen Schritt nach vorne oder hinten bewegt, um zu pfeifen und dich schnell zu entfernen.

Du zögerst, ob du pfeifen solltest

Wenn du entschieden hast, umzudrehen und dich schnell zu entfernen, dann setze es unbedingt um und entferne dich, egal, was dein Hund gerade tut. Auch wenn ein kurzer Zug entsteht, wirst du nicht stehenbleiben und auf deinen Hund warten, bis er fertig ist, mit dem, was er vorhat. Du hast dich entschieden, also bleib dran und setze es um.

Du drehst Kreise, statt umzudrehen.

Achte darauf, dass du bei der 180-Grad-Wendung wirklich wendest. Oft passiert es, dass Kreise gelaufen werden, bei denen der Hund wie in einem Longierkreis außen um den Menschen herumläuft und das Ziel – also dich – gar nicht finden kann.

Du gehst unendlich weit weg

Bist du nun dabei dich von deinem Hund zu entfernen, weil er nicht genau aufgepasst hat, dann gehe maximal zehn Schritte schnell weg und bleib dann stehen, damit dein Hund aufschließen kann. Läufst du unendlich weit, dann kann die Motivation deines Hundes nachlassen, weil er nie ankommt oder er überdreht total und du kannst ihn nicht mehr bändigen.

Belohnung fürs Sitz statt für den Rückpfiff

Es passiert regelmäßig, dass der Mensch darauf wartet, dass der Hund eine sitzende Position vor ihm einnimmt und der Hund erst dann belohnt wird. Gerne kannst du das später so aufbauen, jedoch ist es im ersten und zweiten Schritt von größter Wichtigkeit, dass dein Hund für das Herankommen und dann das Bei-dir-Bleiben belohnt wird und nicht für das Hinsetzen. Manchmal kommt es auch vor, dass unbewusst vom Menschen noch ein verbales „Sitz“ hinzugefügt wird, aus dem der Hund dann ohne Freigabe selbstständig wieder aufsteht. Lerntheoretisch passiert dabei Folgendes: Dein Hund verknüpft mit dem Pfiff nicht das schnelle Zu-dir-Kommen und die Belohnung, sondern er wird erst für das Sitzen belohnt und verbindet demnach die letzte ausgeführte Aktion mit der Belohnung.
Es ist fast egal, was vorher passiert ist, die Verknüpfung von Aktion und Belohnung ist dann gesetzt. Dieses Sitz löst der Hund dann meist selbstständig wieder auf und somit ist auch ein gut aufgebautes „Sitz“ zerschlagen. Denn sitzen ist sitzen, bis der Hund wieder aufstehen darf

Dein Hund sollte nie den Spaß am Rückruf verlieren.

und das hat nichts mit einem Rückruf zutun, sondern besagt das Gegenteil: Bleib so lange sitzen, bis ich dich rufe oder abhole. Im dritten Schritt des Pfeifenspiels wirst du ein zuverlässiges und festes Sitzen deines Hundes brauchen. Dazu später mehr.

Du machst zu viele Wiederholungen

Höre auf, wenn es am Schönsten ist. Zu viele Wiederholungen lassen ebenso die Motivation sinken. Ihr braucht jedoch beide immer Freude bei der Arbeit mit der Pfeife.

Heiße Temperaturen

Bei heißen Temperaturen rate ich dir vom Pfeifenspiel ab. Manche Hunde ignorieren ihre Grenzen und rennen viel zu viel. Es soll immer allen gut gehen. Ebenso kann das Gegenteil der Fall sein und dein Hund findet aufgrund der Wärme gar nicht erst Freude am Training.

Keine Belohnung oder nur ab und zu

Beim Pfeifenspiel gilt: Belohnt wird immer! Und zwar nach jedem Pfiff. Wie diese Belohnung aussieht ist individuell. Ein simples verbales „Prima“ oder einmal über den Kopf zu tätscheln ist allerdings nicht ausreichend. Die Belohnung sollte immer die höchste Motivation deines Hundes fördern.

Wechselnde Tonlagen/Rückrufwörter

Wenn du statt des Pfiffs oder zeitgleich ein Wort zum Rückruf aufbaust, dann nutze exakt dieses Wort oder die Kombination aus diesen Wörtern. Die praktische Arbeit zeigt mir, dass es oft zu vielen wechselnden Varianten des Rückrufs kommt. Rückruf in Kombination mit dem Hundenamen, Rückrufwort ein Mal, Rückrufwort zwei Mal hintereinander ohne Reaktion einzufordern, zusätzlich ein „Komm“ und so weiter. Betrachte vor allem den Namen und den Rückruf als zwei verschiedene Dinge. Der Name ist eine erzieherische Komponente, darauf sollte dein Hund auch ohne Belohnung wie Futter reagieren. Rückruf und Pfiff sind Training verbunden mit einer Belohnung und fehlerfreien Wiederholungen.

Dein Hund kommt zu langsam

Kommt dein Hund auf den Rückruf zu langsam zu dir, dann liegt es an dir, schneller zu gehen, damit er mindestens in einen schnellen Trab fällt. Das Ziel ist es, dass dein Hund später so schnell wie möglich zu dir kommt. Genau dafür legst du nun die Grundlage.

Schritt 3:

Dreieckspfiff

Nun beginnst du damit, deinen Hund auch aus der Entfernung zu rufen/heranzupfeifen und es wird etwas aufregender, denn im zweiten Schritt werden Konflikte eingebaut, denen sich dein Hund vielleicht gerne zuwenden würde, dieser Verlockung aber widerstehen sollte, um zu dir zu kommen.

Der Begriff Dreieckspfiff rührt daher, dass du die Ablenkung, der dein Hund widerstehen soll, so positionierst, dass sie sich zwischen deinem Hund und dir befindet, jedoch zunächst abseits eures Weges liegt. Das formt von oben gesehen ein Dreieck.

EIN BISSCHEN THEORIE

Damit es nicht dazu kommt, dass du denkst, der Rückpfiff klappt gar nicht zuverlässig, hier noch mal die Erinnerung: Zeige nun weiterhin immer gleiches Verhalten, sobald du mit dem Pfeifenspiel beginnst. Dein Hund benötigt absolute Planungssicherheit, solange er sich in der Lernphase befindet, die bis zu 7.000 Wiederholungen andauern kann.
Solltest du aus persönlichen Gründen die folgenden Handlungsschritte für dich abändern, dann bleib dauerhaft und detailliert an der Umsetzung, damit dein Hund keine Fehler machen kann und du schnell zum Erfolg kommst.
Bleib strategisch dabei, dein Training zu dokumentieren und einen genauen Fahrplan für euren sicheren Rückpfiff zu verfolgen. Wie viele fehlerfreie Wiederholungen hast du bereits gemacht? Und reflektiere bis hierher, was bei deinem Hund besonders gut ankam und wo es noch hakt und du

Trotz Ablenkungen im Stadtpark ist Frodo schnell wie der Wind.

die Abläufe noch besser verinnerlichen solltest.
Im ersten Schritt hast du deinem Hund bei jedem Mal, bei dem er in Gedanken schon von dir abgedriftet ist, erklärt, dass ein Pfiff ihn immer aus seiner äußeren Ablenkung wieder hin zu dir holt, in deinen Nahbereich. Dabei gibt dein Hund seine Ideen auf, um so schnell wie es geht wieder bei dir zu sein.

TEIL 1
RÜCKPFIFF AUS SITZ/PLATZ

Als Grundlage für den nächsten Schritt sollte dein Hund sitzen oder liegen bleiben können während du dich auf eine Leinenlänge von ihm entfernen kannst. Damit er nicht jedes Mal aufsteht und gleich zu dir gerannt kommt, übe mit ihm erst einmal das Warten auf einige Entfernung, bevor du mit diesem Schritt weitermachst. Dein Hund wird nun aus der Ruhe zu dir gepfiffen/gerufen.
Je länger deine Leine zur Absicherung ist, und je weiter dein Hund somit von dir wegbleiben kann, desto größer ist seine Notwendigkeit, wirklich schnell zu dir zurückzukommen. Das heißt, je größer die Entfernung zwischen euch, desto schneller wird er zu dir kommen wollen. Das hast du bestimmt schon zufällig festgestellt.

1

2

3

HANDLUNGSSCHRITTE

Alle Handlungsabfolgen aus Schritt 1 bleiben bestehen und du hast nun eine zusätzliche Möglichkeit, deinem Hund Abwechslung mit dem Rückpfiff/Rückruf zu bieten. Diese Übung nimmst du zusätzlich dazu. Somit kannst du jetzt schon variieren und hast ab heute drei Möglichkeiten, deinem Hund den Pfiff zu erklären – Pfiff und Belohnung in deiner Nähe, komm mit und lauf weg und den Dreieckspfiff.
Nach und nach kannst du die anfängliche Übung 3 Mal Pfiff und 3 Mal Belohnung einstellen und deinen Hund einfach so mit einem Pfiff der anderen Übungen überraschen.

Auch jetzt sollte dein Ziel 30 fehlerfreie Wiederholungen am Tag sein.

Ablauf

– Dein Hund ist über die Leine gesichert.
– Du hast die Pfeife im Mund.
– Du blockierst den Hund, sodass er dir nicht folgt.
– Versuche das Blockieren körpersprachlich umzusetzen, das ist der beste Weg.
– Gelingt dir das nicht, nutze dein Sitz, Platz oder Bleib dazu.
– Ist auch das noch schwierig, kannst du vorübergehend eine Person zu

4

5

1 Frodo soll an dieser Stelle bleiben.

2 Der Mensch entfernt sich, so lang die Leine reicht, die Pfeife im Mund.

3 Am Ende der Leine bleibt der Mensch stehen.

4 Der Rückruf ertönt und Frodo kommt.

5 Für das Kommen gibt es Belohnungen.

Hilfe nehmen, die deinen Hund festhält und ihn erst auf deinen Pfiff loslässt.

– Nun gehst du so weit weg, wie deine Leine reicht.

– Dreh dich zu deinem Hund, sodass du ihn sehen kannst.

– Aus dieser Entfernung heraus folgt jetzt dein Rückpfiff.

– Du bleibst an deinem Punkt stehen, wenn dein Hund schnell und geradewegs zu dir gerannt kommt und belohnst ihn 3 Mal.

– Meistens beginnt dein Hund sich ab diesem Punkt von selbst vor dich hinzusetzen, ohne dass du etwas sagst.

– Kommt er langsam, drehst du dich um und entfernst dich wieder schnell von ihm.

– Ist der Hund bei dir, gibt es die Belohnung.

– Wieder 3 Mal belohnen, wenn er bei dir bleibt.

– Verlässt er dich dabei wieder, verfährst du wie schon aus dem Rückpfiff Schritt 2 (siehe Seite 75) bekannt.

TEIL 2

Nun kommt der erste provozierte Konflikt dazu, den du dir ganz einfach selbst kreieren kannst. Du formst ein Dreieck zwischen dir, deinem Hund und einer Verlockung auf dem Weg deines Hundes zu dir. Im Laufe des Trainings rückst du die Ablenkung immer näher auf den Weg zwischen dir und deinem Hund, sodass er letzten Endes den Reiz liegen lässt und geradewegs zu dir gerannt kommt. Das sind nun stellvertretende Konflikte, die du dir je nach Lust und Laune selbst schaffen kannst, um spätere unverhoffte Situationen zu meistern. Denn nun hast du die Möglichkeit, deinem Hund zu zeigen, dass du es mit dem Rückruf wirklich immer ernst meinst. Überlege dir selbst Situationen, die dich stetig voranbringen und deinem Ziel näher bringen.

Ablauf

– Der Aufbau und Ablauf sind gleich wie in Dreieckspfiff Teil 1.
– Auf der Hälfte der Strecke zwischen dir und deinem Hund legst du jetzt eine Verlockung aus.
– Noch nicht auf der direkten Linie zwischen euch, sondern abseits der Lauflinie, sodass ein Dreieck aus dir, deinem Hund und der Verlockung entsteht.
– Eine Verlockung kann sein Lieblingsspielzeug sein, eine Schüssel mit Futter oder auch eine Person, die lockt.

1 Frodos Lieblingsspielzeug ist nun zur Ablenkung da.

2 Der Rückruf ertönt.

3 Für mehr Schnelligkeit entfernt sich der Mensch noch einige Meter.

4 Frodo hat sich nicht ablenken lassen und wird belohnt.

1

2

– Du blockierst deinen Hund an einer Stelle und entfernst dich so weit wie die Leine reicht.
– Du stehst frontal zu deinem Hund und pfeifst.
– Läuft dein Hund direkt und ohne Umwege zu dir, bleibst du stehen und belohnst ihn 3 Mal.

3

4

STOLPERSTEINE

Dein Hund kommt zu langsam

– Dann drehst du dich wie im ersten Schritt um und läufst schnell vom Hund weg, bis er mehr Tempo aufnimmt und bei dir ankommt.

Dein Hund will zur Verlockung

– Du drehst dich blitzartig um 180 Grad weg von deinem Hund und entfernst dich schnell von ihm, bis er wieder bei dir angekommen ist.
– Notfalls dient die Leine als Sicherheit, worüber du das Hinrennen zur Ablenkung blockierst und deinen Hund mit zu dir und in deine Richtung nimmst.
– Danach wieder belohnen, auch wenn du dich entfernen musstest und es nicht perfekt geklappt hat.
– Wichtig ist, dass dein Hund lernt, nicht dem Reiz zu folgen, sondern merkt, dass es keine Alternative gibt, als zu dir zu kommen – und dort gibt es die Belohnung.
– Schrittweise rückst du nun die Ablenkung näher auf euren Weg.

Und nun Feuer frei. WICHTIG: Du kombinierst jetzt die Übung aus dem 1. Kapitel mit diesen beiden Übungen. So kommt bestimmt keine Langeweile auf. Also wirklich nicht nur diese Übung hier festigen, sondern auch immer die Übung aus dem 1. Kapitel.

1

2

3

FALLSTRICKE

Dein Hund erreicht die Ablenkung

Dein Hund hat die Ablenkung erreicht? Dann warst du leider zu langsam. Wiederhole die Übung mit größerer Entfernung des Reizes. Du legst diesen nun so weit entfernt aus, dass dein Hund nicht dorthin gelangen kann und somit keinen Erfolg damit hat, die Ablenkung zu erreichen. Weder den Futternapf, den Menschen (mit Leckerli) oder das Lieblingsspielzeug. Wenn dein Hund nun in Richtung des Reizes starten möchte oder auf dem Weg zu dir einen Haken dorthin schlagen möchte, dann drehst du dich wieder um und führst ihn in deine Richtung.

Wichtig: Du entfernst dich schnellen Schrittes bis dein Hund bei dir ankommt. Bei dir belohnst du ihn wieder.

Achte darauf, dass die Wertigkeit deiner Belohnung in der Lernphase mindestens genauso hoch ist wie der Reiz. Ein Beispiel: Dein Hund liebt Käse, aber mag Würstchen etwas weniger. Dann ist deine Ablenkung zunächst das Würstchen und sobald dein Hund dort einfach drüber rennt, um zu dir zu kommen, dann belohnst du ihn bei dir mit Käse. Am Ende legst du den Lieblingskäse als Ablenkung auf euren Weg und belohnst deinen Hund gleichwertig mit dem Käse aus deiner Hand.
Spielt dein Hund viel lieber mit dir und einem Spielzeug, dann wirst du als hochwertige Belohnung das Spielzeug bei dir einsetzen, um ihn zu belohnen. Ist es ein ganz bestimmtes Spielzeug, dann nutze zwei davon, eins als Ablenkung und eins als Belohnung in deiner Nähe. Da ich nun die Stimmen in meinem Kopf höre, dass manche Hunde für ihr Leben gerne jagen und du dann als

4

> **Tipp**
>
> Die Belohnung sollte nun so angepasst werden, dass dein Hund alles andere gerne links liegen lässt, um die Belohnung von dir und bei dir zu erhalten.

5

6

1 Ein Lieblingsmensch als Verlockung.

2 Frodo wird mit Futter gelockt.

3 Bevor Frodo die Ablenkung erreichen kann, reagiert seine Bezugsperson.

4 Frodo wird durch ein schnelles Weggehen daran gehindert, der Versuchung zu folgen.

5 Schnell findet er wieder Anschluss.

6 Belohnen und gleich wieder von vorne, bis es klappt.

Belohnung kein Wild einsetzen kannst: Das ist auch nicht nötig. Genau deshalb wirst du durch diese Übungen den angelernten Reflex in deinem Hund einpflanzen, dass er bei deinem Pfiff keine andere Möglichkeit mehr sieht, als zu dir zu kommen. Er wird dann nicht mehr abwägen, was nun für Möglichkeiten zur Wahl stehen, sondern auf Pfiff immer umdrehen und zu dir kommen, wenn genügend fehlerfreie Wiederholungen stattgefunden haben.

Ein Geschenk ist es deshalb, das Pfeifenspiel mit einem Welpen zu trainieren, der noch keine anderen Varianten abgespeichert hat und man diese deshalb nicht überschreiben muss, sondern gewissermaßen die „leeren Seiten“ in seinem Welpenkopf neu füllen kann. Das Umlernen dauert ein wenig länger, weshalb die Anzahl der Wiederholungen, die einwandfrei verlaufen, dort höher sein muss. Wenn du das Ganze als tägliches Spiel im Miteinander betrachtest, dann wird euch diese Veränderung ganz leicht fallen. Denk dran, das ist eine wundervolle Übung zur Bindung und eine enorme Auslastung für Hund und Mensch.

Schritt 4:

Ablenkung

Ab jetzt erfolgt die Übertragung in alltägliche Situationen, die du nicht mehr klar und deutlich einleitest. Wenn dein Hund mit dir draußen ist, kannst du nun leise die Pfeife in den Mund nehmen und den Rückruf im ganz normalen Alltag beginnen.

RUHIGE ABLENKUNG

Die Übungen zur schnellen Reaktion deines Hundes auf den Pfiff, die in Schritt 2 und Schritt 3 beschrieben sind, bleiben als Varianten bestehen, womit du nun noch mehr Abwechslung ins Spiel mit der Pfeife bekommst. Zusätzlich nimmst du diesen neuen Trainingsschritt hinzu. Somit kannst du jetzt ganz viel variieren.

Was du nun nicht mehr wiederholen musst, sind die drei Pfiffe in Schritt 1 zum Einleiten des Trainings. Bis hierher sollte dein Hund den Sinn der Pfeife erkannt haben und wissen, dass es beim Klang des Pfiffs darum geht, schnellstmöglich zu dir zu kommen. Ist das nicht der Fall, dann überdenke noch einmal die Handlungsschritte bis hier hin, schaue, ob die Belohnung für deinen Hund motivierend genug ist oder ob sich irgendwo ein Fehler eingeschlichen hat, weshalb dein Hund den Pfiff noch nicht verstanden hat. Achte dabei auch auf die körperliche Gesundheit deines Hundes, lass das checken und bedenke ebenso die Jahreszeit und die Temperaturen. Weder extreme Kälte mit gefrorenen Pfoten noch prasselnder Regen oder brütende Hitze werden für deinen Hund eine hohe Motivation sein schnell und konzentriert mit dir zu trainieren. Und denke daran, vieles liegt auch an deiner eigenen Lust und Laune und daran, ob du gerade in der Stimmung bist mit deinem Hund in eine freudige Zusammenarbeit zu starten, die euch beiden Spaß macht.

Egal, ob du gehst oder dein Hund Freizeit hat, überall rufst du ihn nun zurück.

Was sich nun auch ändert ist, du musst die Pfeife zwar bei dir haben, aber nicht mehr unentwegt zwischen den Lippen tragen. Sie kommt ab hier erst zum Einsatz, wenn sich die Situationen ergeben, aus denen du deinen Hund zurückrufen möchtest. Es ist möglich, dass du nun schon sehr vorsichtig und leise mit der Pfeife umgehen musst, also sie nicht laut klappernd am Bändchen aus der Tasche ziehst. Wenn dein Hund schon große Freude am Pfeifenspiel gefunden hat, dann wird er vielleicht gar nicht mehr von dir weggehen, sobald er die Pfeife nur sieht, also schon lange bevor ein Ton erklingt.
Ab sofort sollte dein Hund also stets aufmerksam auf den Rückpfiff reagieren, den du aufgebaut hast, und du kannst ihn jetzt überall damit konfrontieren. Die folgenden Abläufe sind dir schon bekannt, nur die Situationen sind jetzt andere. Du bist nicht mehr explizit in einem angekündigten Trainingsmodus, in dem dein Hund schon nach der Einleitung weiß, was anschließend passieren wird. Der Rückpfiff findet nun im Alltag und in Alltagssituationen statt, die dein Hund nicht mehr berechnen kann. Das einzige, was klar ist, ist was nach dem Pfiff folgen sollte, und zwar das blitzschnelle Zu-dir-Drehen deines Hundes und das Heransausen, sowie eine Belohnung, die dein Hund von dir bekommt. Je schneller und korrekter die Reaktion deines Hundes ist, desto höherwertiger ist deine Belohnung für ihn.

Wichtig – neue Elemente

Ab diesem Schritt wirst du VOR jeder Belohnung einen dynamischen Schritt rückwärts gehen, also dich einen Schritt von deinem Hund entfernen, wenn er vor dir steht oder sitzt. Dabei hast du das Futter gerne schon in der Hand oder das Spielzeug bei dir.

Es ist genauso wie die anfangs beschriebene Eingewöhnung in Schritt 1. Dein Hund kommt zur dir und bevor du ihm die Belohnung gibst, gehst du nochmal einen Schritt nach hinten und überreichst erst dann die Belohnung, also den positiven Verstärker in Form von Futter oder Spielzeug. Dein Hund wird nun in seiner Aufmerksamkeit gefestigt und damit beginnen, dir nachzurücken. Somit bekommst du einen Hund, der sich noch mehr an dir orientieren wird. Dabei setzen sich viele Hunde dann ganz automatisch vor ihren Menschen hin und warten auf die Belohnung. Zudem gibst du deinen Hund auch aktiv in die Freizeit, er darf sich also von dir entfernen.

Lisbeth bekommt die Erlaubnis, sich zu entfernen.

Dein Pfiff erfolgt zunächst aus ruhigen Ablenkungen heraus, das bedeutet beim Schnuppern am Wegesrand, beim Gehen über die Wiese, oder beim Liegen im Garten. Auch jetzt gilt immer noch, nicht zu schnell übermütig werden, sondern deinen Hund mit der Leine zu sichern, damit sich keine Fehler einschleichen und du unzählige Wiederholungen zurückgeworfen wirst. Das wäre schade um deine schöne, fleißige Arbeit bis zu diesem Punkt.
Ein Fehler ist es, wenn dein Hund ganz gemütlich aufsteht und im Schneckentempo in deine Richtung getapst kommt und ebenso, wenn er auf halben Wege umdreht und weiter schnuppern geht oder vielleicht sogar an dir vorbeirennt. Alles schaltest du, nach wie vor, über die Leine aus, womit dir diese Fehler nicht passieren können.

Handlungsschritte

Wenn dein Hund sich in einer ruhigen Ablenkung befindet, kannst du jetzt beginnen, den Pfiff zu vertiefen. Je nachdem, wie motiviert sich dein Hund dir nähert, variierst du auch die Belohnungen. Die Grundlage wurde bereits in den vorherigen Handlungsschritten gelegt, weshalb dein Hund bis hierher verstanden haben sollte, dass das Kommen auf den Rückruf auch bedeutet, bei dir zu bleiben. Hast du bis hierher den Eindruck, dass dein Hund dich stets nach der ersten Belohnung wieder verlässt, dann schau bitte einmal genauer hin, damit sich keine Fehler einschleichen. Hat dein Hund vielleicht etwas anders verknüpft als erwünscht? Kommt er nun das Futter abholen und entfernt sich dann, DAMIT du wieder pfeifst, um dann schnell noch etwas zu bekommen? In diesem Fall, gehst du noch mal zurück zu den Handlungsschritten bis zu dieser Stelle.
Eine ruhige Ablenkung kann nun auch schon ein Hund sein, der sich nicht aktiv bewegt, je nachdem, wie interessant dein Hund Artgenossen findet, kannst du auch hier schon beginnen den Pfiff einzusetzen.

Ablauf

– Dein Hund ist in einer ruhigen Ablenkung und schnuppert oder schaut durch die Gegend.
– Dann lässt du ihn zunächst seinen Interessen nachgehen.
– Entferne dich eine Leinenlänge von deinem Hund oder lass ihn so weit weggehen, wie er innerhalb des Leinenradius möchte
– Auch ein kürzerer Abstand als die Länge der Leine ist möglich.
– Nimm die Pfeife leise in den Mund (damit du die Möglichkeit hast noch zu pfeifen, bevor dein Hund es merkt). Während dein Hund seiner ruhigen Beschäftigung nachgeht, kommt dein Rückpfiff/Rückruf.

Einen anderen Menschen zu sehen, kann eine Ablenkung sein.

1

2

3

4

Dein Hund sollte sich nun sofort von der Ablenkung lösen und sofort zu dir kommen.

– Zeigt er dieses Verhalten, kommt natürlich deine Belohnung 3 Mal durch Futter oder Spielzeug.
– Danach gibst du deinen Hund nun aktiv wieder frei und schickst ihn somit in die Entfernung.
– Entfernt er sich nicht, schlenderst du einfach ein wenig los, denn du hast ihn ja bereits freigegeben, er darf sich also entfernen.
– Meist wird dein Hund nach einigen Schritten damit beginnen, die Umwelt wieder zu erkunden und das ist o.k., unterbrich das nicht zu schnell wieder, um eine neue Möglichkeit für den Rückruf aus der Ablenkung zu trainieren.

Fallstricke

Dein Hund verlässt dich jetzt gar nicht mehr?

Super, dann hört du deshalb nicht mit dem Training auf, sondern du machst weiter und nutzt eine der anderen vorangegangenen Übungen und festigst einfach weiter das gemeinsame Spiel. Alternativ wartest du nun eine Weile ab, in der du beispielsweise weitergehst und nicht pfeifst, bis dein Hund sich wieder einem Reiz zuwendet und am Baum schnuppert.

Dein Hund wendet sich von der Ablenkung nicht ab oder kommt viel zu langsam zu dir zurück?

– Dann hältst du deine Leine fest in deiner Hand, nachdem du gepfiffen hast.
– Danach drehst du dich blitzartig um …
– … und gehst so lange schnellen Schrittes weg, bis dein Hund in einen Trab oder Galopp verfällt und dann bei dir schnell ankommt.

5

6

– Kommt dabei kurz Zug auf die Leine, ist das kein Problem, sondern du hältst solange gegen, bis dein Hund sich von der Ablenkung lösen wird, und gehst in schnellem Tempo weiter.
– Hat dein Hund dich erreicht, belohnst du ihn jetzt wieder 3 Mal dafür, dass er bei dir bleibt.
– Verlässt dein Hund dich während der Belohnung, folgt sofort ein neuer Pfiff und du entfernst dich wieder.
– 3 Mal belohnen beim Ankommen.

1 Bolle sieht die Hündin.

2 Der Mensch entfernt sich langsam, so weit die Leine reicht.

3 Der Pfiff ertönt und Bolle kommt zurück.

4 Kommt der Hund problemlos, bleibt der Mensch stehen und wartet.

5 Ist der Hund da, geht der Mensch noch einen Schritt zurück. Der Blick bleibt beim Menschen.

6 Bolle erhält seine Belohnungen mit dem Blick zu seiner Bezugsperson

HOHE UND AKTIVE ABLENKUNG

Nun wird es richtig schwer – der Rückruf aus einer hohen und teilweise aktiven Ablenkung! Was für deinen Hund eine hohe Ablenkung ist, wirst du selbst entscheiden. Ob die Sichtung von Joggern und Fahrrädern, Hunde aus der Ferne, Rehe auf dem Feld oder schon der Hundekontakt. Somit kannst du jetzt noch mehr variieren und der Pfiff wird noch verbindlicher, da die Belastung für deinen Hund weiter zunimmt und du somit die Belastbarkeit im Alltag immer mehr steigerst. Schließlich hast du ja ein Ziel, wie gut der Rückruf einmal funktionieren soll, und das kommt nicht durch abwarten, sondern durch viel motiviertes Training.

Alle Handlungen aus dem Rückpfiff Schritt 2 (Komm mit, lauf weg) und auch Schritt 3 (Dreieckspfiff) sowie Schritt 4 (ruhige Ablenkung) bleiben bestehen. Zusätzlich nimmst du jetzt mehr Spannung dazu.

Ich werde nun detailliert auf die Situationen eingehen, aus denen sich viele

Eine hohe Ablenkung kann ein Ball sein, von dem du deinen Hund zurückrufst.

Merke

In diesem Schritt liegt eine enorm hohe Bedeutung in der adäquaten Belohnung deines Hundes. Da die Versuchung nun sehr hoch ist, sollte deine Belohnung die wertvollste extrinsische Motivation für deinen Hund sein, die er bekommen kann. Die Belohnung sollte höherrangig für deinen Hund ausfallen als die Ablenkung oder mindestens gleichrangig für ihn sein.

Menschen einen sicheren Rückruf wünschen. Setze es so um, wie es für dich und deinen Hund passt, und steigere nach und nach die Ablenkung in der Lernumgebung. Es muss sich gut anfühlen und dein Hund sollte in seiner Aufmerksamkeit die Chance haben, den Weg sicher zu dir zu finden. Ist die Ablenkung zu schnell zu stark, dann sind die Anforderungen an deinen Hund und wahrscheinlich auch an dich zu hoch. Das bringt euch nicht zum Ziel, sondern würde euch im gesamten bisherigen Aufbau des sicheren Rückpfiffs zurückwerfen. Also bedenke noch einmal, welche Anforderungen für dich und deinen Vierbeiner realistisch sind. Solltest du Unstimmigkeiten bemerken, bleib noch bei der ruhigen Ablenkung und allen Schritten, die davor erklärt und von dir umgesetzt wurden.

Rückpfiff von Beute im Spiel mit anderem Menschen

Eine hohe aktive Ablenkung ist das gemeinsame Ziehen und Zerren an einem Gegenstand, aber nicht mit dir, sondern bei einer anderen Person.
Es ist auch möglich, dass dein Hund einfach Interesse am Spiel oder Streicheln mit anderen Menschen hat und nicht zwangsläufig an einem Spielzeug zerrt. Wie das für dich aussieht, wirst du daran merken, welches Verhalten dein Hund zeigen wird. Aus dieser Aktion wirst du deinen Hund nun beginnen zurückzurufen und er wird auch bei dir bleiben, bis du ihn wieder freigibst. Und genau so lange wirst du daran arbeiten, bis es klappt, und du deinem Ziel immer näher kommst. Vielleicht das Zurückpfeifen vom Wild jagen, wer weiß?!

Mc Dreamy darf spielen und sollte dennoch immer auf den Rückpfiff hören.

1

1 Mc Dreamy darf zum Spielen weggehen.

2 Beim Rückruf soll er sich sofort vom Spielzeug trennen.

3 Schnell rennt er zu seiner Bezugsperson.

4 Dort wird er angemessen belohnt.

2

Ablauf

Du gibst deinen Hund nun also frei zu einer Person, die ihn lockt und sein Lieblingsspielzeug in der Hand hat und dann mit ihm spielt. Da du die Aufregung langsam steigern solltest und weiterhin auf eine sichere Lernumgebung Wert legst, hast du die Leine wie gehabt an deinem Hund befestigt und in der Hand.

Bitte deinen menschlichen Trainingspartner darum, zunächst in ein ruhiges aktives Spiel zu starten, um den Hund nicht völlig kopflos zu machen, damit weiterhin keine Fehler passieren können. Erst, wenn das sicher klappt und dein Hund sofort auf den Rückruf reagiert und zuverlässig zu dir kommt, dann darf auch mehr Action und Energie ins Spiel gebracht werden. Behalte also beide im Auge, Mensch und Hund gegenüber.

Dein Hund ist jetzt in einer aktiven Ablenkung und los geht es:

– Du hast deinen Hund freigegeben, er darf losrennen und spielen.

3

4

– Die Leine ist dabei am Hund befestigt und du hältst diese in der Hand. Optimalerweise bist du auf Leinenlänge von deinem Hund entfernt und die Leine lässt nun etwas mehr Spielraum (5 Meter). Es geht aber auch eine kürzere Entfernung.
– Dein Hund ist beschäftigt im kontrollierten Spiel mit deinem Trainingspartner.
– Nun kommt dein Rückruf/Rückpfiff.
– Im besten Fall löst sich dein Hund sofort vom Reiz und kommt zu dir.
– Du belohnst ihn nun mit der wertvollsten Belohnung auf deiner Skala von 1 bis 3.
– Dabei unbedingt wieder die bekannte 3er-Abfolge zur Belohnung, da hier nun eine hohe Last und Versuchung darin liegt, zurück zum Gegenüber zu rennen.
– Danach gibst du den Hund sofort wieder frei.
– Du kannst ihn auch ganz aktiv wieder von dir wegschicken.

Empfehlung

Besorge das Lieblingsspielzeug deines Hundes in zweifacher Ausführung. Davon hat eins dein Trainingspartner, eins nutzt du zur Belohnung. Dann ist das Element der Belohnung gleichwertig. Das Spiel, das du dann zur Bestätigung mit deinem Hund machst, kann jedoch viel energetischer sein als bei deinem Trainingspartner. Ebenso besteht die Möglichkeit, dass dein Hund einen Unterschied zwischen zwei Arten des Spielzeugs macht, wofür du zunächst selbst das Beliebtere bei dir behalten wirst, um damit zu belohnen. Später steigerst du dann die Ansprüche. Ist Futter für deinen Hund das Größte, dann variiere auch da mit unterschiedlich hohen Wertigkeiten.
Achtung! Ich rate dir davon ab, einen Ball zu benutzen, da du deinen Hund davon nicht zurückrufen kannst, denn er wird ihn einfach im Maul tragen konnen und das Objekt der Begierde somit nicht verlassen, sondern mitbringen, wie er dann auch einen Hasen im Maul apportieren könnte. Somit lag der Erfolg bei deinem Hund und der Beute und nicht beim Training des Rückrufs, denn er soll sich ja von der Beute trennen und am Ende bei dir für das Bei-dir-Bleiben belohnt werden.

Neues Element

Erfolgt keine Reaktion auf deinen Rückruf, kommt jetzt ein neues Element dazu. Die Störung oder Unterbrechung des Verhaltens, also ein negativer Verstärker. Da dein Hund sich nun wahrscheinlich im Spiel an einem Spielzeug befindet, ist die Lösung einfach wegzugehen, nicht mehr möglich, da dein Hund an der Beute hängt. Deshalb ist es nun nötig, deinen Hund aktiv von dieser Beute zu trennen, was du zum Beispiel mit einer deutlichen Welle durch die Leine machen kannst:

– Kommt dein Hund auf deinen Rückruf nicht zu dir, dann unterbrichst du sein Verhalten sofort und hilfst ihm damit, den Weg wieder zu dir zu finden und Fehler zu vermeiden.
– Du benötigst diese Abfolge, da sich dein Hund im besten Fall von einem Zerrspiel lösen muss, was du durch reines Weggehen nicht erreichen kannst.
– Sobald sich dein Hund von der Ablenkung löst, wiederholst du sofort den Doppelpfiff!!!
– Hat der Hund dich erreicht, dann belohnst du ihn 3 Mal mit einer mittleren Belohnung, da du dir die ganz Besondere für ganz schnelles und korrektes Zurückkommen aufheben wirst. Dein Hund wird lernen, wann genau es diese dann bei dir gibt – und zwar, wenn er sofort kommt und alles stehen und liegen lässt
– Kommt er auf die Unterbrechung nicht zu dir, sondern beendet nur das Spiel und lässt das Spielzeg los, dann gehst du zusätzlich schnell vom Reiz weg.
– Nun kann er ja nur folgen.
– Hat er dich erreicht, bestätigst du ihn 3 Mal mit einer mittleren Belohnung.
– Verlässt dein Hund dich während der Bestätigung, dann ertönt sofort wieder dein Rückruf und du entfernst dich wie in den ersten Handlungsschritten.
– Der dynamische Rückschritt bei der dreimaligen Bestätigung bleibt weiterhin bestehen. Beachte: EIN Schritt, nicht drei oder vier oder fünf, sondern jeweils ein Schritt.

1

2

3

4

1 Mc Dreamy ist zu abgelenkt und hört den Rückruf nicht.

2 Über eine deutliche WELLE durch die Leine wird er aufmerksam.

3 Sofort ertönt ein neuer Pfiff, dem er nun folgt.

4 Nun eine Belohnung und gleich von vorne.

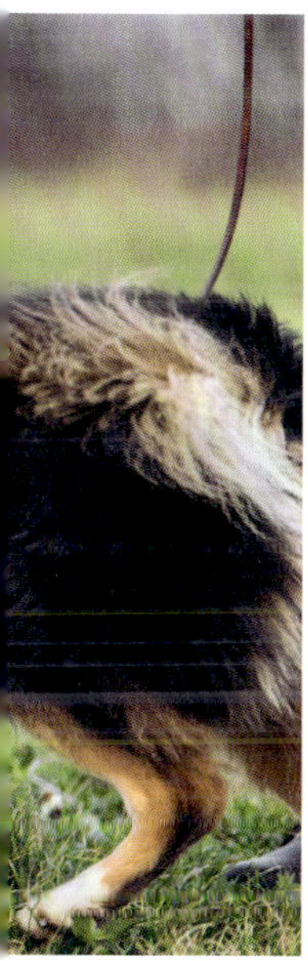

Wichtig! Wenn du feststellst, dass die Aufmerksamkeit deines Hundes überhaupt nicht auf dich zu lenken ist und er sich immer wieder wie verrückt wegdreht und in der Aufmerksamkeit woanders hängen bleibt, dann geh bitte nochmal einen Trainingsschritt zurück mit weniger Ablenkung von außen.

1

Rückruf von einem anderen Hund

Nun kommt das, was sich viele Menschen vom Rückruf wünschen und womit genauso viele Menschen deshalb leider viel zu schnell starten wollen. Der Rückruf von einem anderen Hund, zum einen, wenn der eigene Hund im Freilauf ist und einen anderen Hund sieht, und zum anderen, wenn der eigene Hund mit einem anderen Hund interagiert.
Das Spiel mit einem anderen Hund ist eine sehr hohe Ablenkung, da Hunde in dieser Interaktion sehr konzentriert auf ihr Gegenüber sind. Für Laufspiele, Kampfspiele und all das benötigt dein Hund einen hohen Fokus auf die soziale Interaktion, weshalb es all die vorherigen Schritte benötigt, um den Rückruf nun auch in solchen Extremsituationen zu trainieren und somit alltagstauglich und belastbar zu machen. Vor allem du als Mensch hast deinen Hund bis zu diesem Punkt so gut kennenlernen dürfen und kennst nun seine Reaktionszeiten, du weißt, was es benötigt um ihn ausreichend in seinem Verhalten zu bestätigen, aber auch, was du tun kannst, damit er unerwünschtes Verhalten unterbricht. Du kennst die beliebtesten positiven Verstärker deines Hundes, die seine Motivation fördern und erhalten und für euch beide sind die Handlungsschritte klar und deutlich. Nun sollte es so weit sein, dass dein Hund immer und überall ein offenes Ohr
für deinen Rückruf hat und sich daraus, nach und nach, ein angelernter Reflex entwickelt.

Der Rückruf aus dem Spiel mit anderen Hunden ist also eine hohe Herausforderung für den sicheren Rückpfiff und muss deshalb auch in der Lernphase noch über eine Leine abgesichert sein.

Du startest den Rückruf vom anderen Hund mit einem einzelnen, bekannten Hund und nicht in einer ganzen Hundegruppe. Besprich mit deinem Trainingspartner ganz konkret, was du möchtest und in den nächsten Schritten tun wirst.

Ablauf

– Beide Hunde sind an einer Leine nah bei ihrem Menschen.
– Die Pfeife ist in deinem Mund.
– Erst nach einer Freigabe, dürfen sich die Hundefreunde einander nähern.
– Um die Aufregung ganz gering zu halten, wirst du beim ersten Kontakt, den dein Hund zu sei-

2

1 Die Königsdisziplin braucht viel Training: Abruf vom anderen Hund.

2 Sichere deine Erfolge anfangs durch die Leine ab.

nem Freund, hat sofort pfeifen und dich einige Schritte von deinem Hund wegbewegen, sodass dein Hund in diesem Moment ganz schnell zu dir kommen wird.

– Bei dir belohnst du deinen Hund 3 Mal nacheinander. Geh dabei je nach Reaktionszeit wieder einen dynamischen Schritt rückwärts und halte somit die Aufmerksamkeit deines Hundes bei dir.
– Will sich dein Hund wieder entfernen, dann pfeifst du erneut und entfernst dich wieder von ihm.
– Anschließend belohnst du das Kommen 3 Mal.
– Erst wenn wieder Ruhe herrscht und dein Hund die Aufmerksamkeit bei dir hält, gibst du ihn wieder frei.
– Stelle in der Zeit sicher, dass der Hundefreund nicht plötzlich in euch hineinrennt, er muss deshalb auch gesichert sein!
– Kommt dein Hund nicht, dann kannst auch hier das Fernbleiben mit einer Unterbrechnung stören (siehe Seite 72), bis dein Hund zu dir kommt.

Der Hundefreund darf deinen Hund nicht im Kommen blockieren oder ihn ablenken, indem er zu euch rennt.

Erst wenn die Abfolge einwandfrei sitzt und dein Hund sofort und diskussionslos nach dem Pfiff zu dir kommt, gehst du einen Schritt weiter. Nun kannst du mehr Bewegung zwischen den Hunden zulassen, aber immer noch dosiert im Energielevel. Das steigerst du immer mehr, und wenn es gut gelingt, kannst du die lange Leine auf den Boden fallen lassen und immer kurz vor deinem Rückruf absichern, dass er auch gelingen wird.
Das kannst du nun mit den verschiedensten Hunden trainieren, ich empfehle dir aber, dass es bekannte Hunde sind, mit denen dein Hund nicht in Aktion tritt, wenn du ihn zurückrufen wirst. Du solltest das Verhalten des anderen Hundes einschätzen können und es darf sich nicht um ein gerade ausgetragenes „Duell“ zwischen den Hunden handeln, wenn du ihn zurückrufst. Das könnte schlimme Folgen haben, wenn zwei Hunde gerade ein ernstes Thema haben und sich dein Hund dann durch den Rückruf plötzlich aus dem Staub macht. Dabei kann es sein, dass dein Hund dann wirklich heftig und nachhaltig blockiert wird und mitunter noch Schaden nehmen könnte.
Sollte dein Gegenüber auch das Pfeifenspiel trainieren, dann habe ich eine tolle Nachricht für dich (siehe Seite 104)!

Du wirst immer sein Ziel sein!

Das Ziel deines Hundes

»Dein Hund hat durch die ganzen vorherigen Schritte gelernt, auf den Pfiff oder Rückruf ZU DIR zu kommen und wird nicht zu jedem anderen zu rennen, der da gerade pfeift oder ruft.«

Obwohl Kai pfeift, …

… kommt Bolle trotzdem zu mir.

Es ist möglich, dass du deinem Hund eine kurze Verwirrung anmerken wirst, wenn der Rückruf doppelt ertönt, aber dann wirst du ihn über die Leine und bekannte Handlungsschritte zu dir lenken und belohnen und diese Struktur ein paar Mal wiederholen. Am Ende ist es sogar so, dass dein Hund auf einen Pfiff zu dir kommt, obwohl du selbst gar nicht gepfiffen hast. Das passiert dann, wenn der Pfiff deinem eigenen sehr ähnelt und dennoch von einer anderen Person abgesetzt wurde. Gleiches gilt für das Rückrufwort bzw. die Melodie.
Wenn wir mit fünf Hunden unterwegs sind (davon begleiten mich drei und zwei gehören zu meiner Freundin), dann kommen auf den Pfiff von Laura dennoch drei Hunde zu mir und zwei zu Laura. Genauso ist es mit unserer Rückrufmelodie „Freunde Freundeee", Lisbeth, Bolle und Frodo flitzen zu mir; Luna und Malou zu meiner Freundin.
Der Rückruf bei Sichtung eines fremden angeleinten Hundes oder eines Hundes, der zwar frei ist, aber kein Interesse an euch zeigt, ist im Prinzip nichts anderes als der Rückruf aus der ruhigen Ablenkung. Sobald dein Pfiff ertönt oder dein Rückruf kommt, setzt sich dein Hund in Bewegung zu dir oder du holst ihn zu dir.

Rückruf von Bewegungsreizen

Ein weiterer großer Wunsch in der Praxis ist es, den eigenen Hund auch in bereits schiefgegangenen Notfallsituationen, wie beispielsweise vom unerwünschten Jagen eines Rehs oder einem anderen Reiz in Bewegung, zurückrufen zu können. Um auch für solche Situationen gerüstet zu sein und die Verbindlichkeit im Alltag zu halten, wirst du dir auch hier eigene, stellvertretende Situationen schaffen. Ein Reiz in Bewegung kann vieles sein und starten kannst du mit einem Gegenstand wie einem Ball, den dein Hund sehr interessant findet, den du selbst weiter weg wirfst und deinen Hund auf halbem Weg davon zurückpfeifen wirst. Nun geht es also weiterhin richtig zur Sache. Du wirst Verbindlichkeit in deinen Rückruf bringen, sodass er bald immer bombenfest funktioniert.

Ablauf

– Sichere deinen Hund in diesen Situationen an einem Geschirr, für den Fall, dass doch einmal Zug auf die Leine kommen wird.
– Starte mit Beute/Spielzeug/Futter in deiner Hand.
– Dein Hund ist in deiner Nähe und sieht, was du in der Hand hältst.
– Die Pfeife ist bereits in deinem Mund.
– Beginne mit ganz kurzen Entfernungen.
– Jetzt musst du sehr schnell sein.
– Wirf das Objekt der Begierde ein Stück von dir weg und dein Hund hat die Freigabe von dir.
– Schon während du wirfst, wirst du pfeifen/rückrufen, da dein Hund den

Lisbeth ist in ihrer eigenen Welt.

Gegenstand sonst längst erreicht haben wird, bevor du dazu kommst.
– Kommt dein Hund blitzschnell zurück, dann belohnst du ihn 3 Mal sehr hochwertig.
– Alle Abfolgen bleiben gleich wie immer.
– Gib deinen Hund aktiv wieder frei und wiederhole den Ablauf.
– Klappt es gut, kannst du die Leine schon fallen lassen, aber noch nicht abmachen.

1

2

4

Dein Hund hat den Gegenstand erreicht?

– Dann warst du zu langsam.
– Wirf ein wenig weiter, sodass die Leine notfalls das Hingehen stoppt.
– Gegebenenfalls wirst du auch hier das Weiterrennen mit einer Welle durch die Leine unterbrechen, bevor dein Hund in die Leine springt.
– Pfiff/Rückruf – kommt dein Hund nicht sofort, sondern rennt weiter, dann drehst du dich um und gehst ein paar Schritte in die andere Richtung.
– Ist dein Hund wieder bei dir angekommen, erfolgt die Belohnung bei dir 3 Mal mit einer mittleren Intensität.

Bei diesen Übungen wird nun alles schneller und dynamischer. Du solltest wirklich schon fit mit den Handlungsabfolgen sein, um selbst blitzschnell reagieren zu können. Hunde sind uns in der Reaktionszeit weit überlegen und denken nicht so viel nach und genau auf diesem Level solltest du nun auch sein, um deinem Hund neue Ideen nachhaltig beibringen zu können.
Wenn du merkst, dass dein Hund auf kurzen Abstand schon schnell und zuverlässig zurückkommt, vergrößerst du den Abstand des geworfenen Gegenstandes, von dem du ihn abrufen möchtest. Dabei solltest du aber die vorherigen näheren Abstände schon gut kontrollieren können und dein Hund sollte eine hervorragende Reaktion auf den Rückruf zeigen.
Wenn der Abstand zu schnell zu groß ist, hast du keinen Zugriff mehr auf deinen Hund und er könnte heftig in die Leine rennen, was es zu vermeiden gilt.

3

5

1 Lisbeth sieht den Ball.

2 Sie wird freigegeben loszulaufen. Die Leine schleift am Boden.

3 Bevor sie zum Ball kommt, dreht sie auf Rückruf um, …

4 … eine ausgiebige Belohnung folgt …

5 … und rasch wird sie wieder freigegeben.

Was bei einem guten Aufbau passieren wird, ist, dass dein Hund schon nach wenigen Wiederholungen gar keine Ambition mehr zeigen wird, hinter dem Gegenstand herzurennen. Dann hole diesen gerne in deine Nähe und starte erneut mit Übungen aus den vorangegangen Schritten, z. B. „Komm mit, lauf weg“ und vielleicht kann der Gegenstand als Belohnung dienen. Dein Hund wird es umso mehr lieben, das Pfeifenspiel zu spielen.

Fehlerquellen

Damit dich kleine Fehler nicht am dauerhaften Erfolg hindern, sind nachfolgend die häufigsten Fehlerquellen aufgelistet und für dich erklärt. Es soll ja neben dem Spaß auch einen Sinn haben und dich zum Ziel bringen.

ZU WENIGE WIEDERHOLUNGEN

Der häufigste Fehler beim Trainieren des Rückpfiffs ist, dass der Pfiff schon nach wenigen Wiederholungen ohne Leine ausprobiert wird. Dein Hund kennt zwar das Geräusch des Pfiffs, ist aber weder zuverlässig darauf konditioniert noch hat sich ein Reflex entwickelt und zudem hat er gerade einen tollen Geruch in der Nase. Deshalb kommt er nicht zurück, daraufhin wird oft nochmal gepfiffen, dann bekommst du schlechte Laune und stapfst wütend los, um deinen Hund mürrisch anzumeckern und zu dir zu holen. Zack, ist der Effekt kaputt. Es gibt keine Belohnung, der Mensch ist sauer und der Hund ist schuld. Stimmt aber nicht, der einzige, der hier falsch gehandelt hat, ist der Mensch. Er hat dem Hund nach viel zu kurzer Übungsphase zugemutet, sozusagen als Nichtschwimmer schon ins tiefe Meer zu springen und loszuschwimmen. Jetzt fängst du noch einmal ganz von vorne an, das komplette Prozedere wieder positiv aufzuladen, neu zu erklären und beginnst damit wieder bei Null.

Das meist gehörte Beispiel aus meiner Praxis ist, dass der Hund allein im Garten ist und er soll bitte wieder rein kommen. Dann kommt der Pfiff, und zwei von drei Mal kommt der Hund auch. Mit Nr. 3 sind die beiden ersten Wiederholungen umsonst, es sind lediglich Glückstreffer. Es gibt unzählige Möglichkeiten, deinen Hund mit Namen, mit einem Abbruchssignal oder persönlich aus dem Garten ins Haus zu holen. Bitte nutze dafür in der Anfangsphase nicht den Pfiff, denn dafür ist diese wundervolle Arbeit mit der Pfeife zu schade.

KEINE ABSICHERUNG

Ein weiterer häufiger Fehler ist, dass der Pfiff in der Lernphase ohne Absicherung des Zurückkommens benutzt wird und dein Hund lernt, dass er nicht unbedingt kommen muss, sondern auch mit dem Fernbleiben Erfolg hat. Für jedes Mal, wo du deinen Hund aus einer Situation zurückholen möchtest und es nicht klappt, egal ob Rückruf oder Rückpfiff, benötigst du fünf bis sieben neue

Mit einem Trainingsbuch behältst du den Überblick.

fehlerfreie Wiederholungen, damit du wieder auf dem Stand des vorherigen Levels bist.

PFIFF IN EXTREMSITUATIONEN

Oft wird der Pfiff nur dann benutzt, wenn eine für den Hund extreme Situation stattfindet. Aus dem Spiel mit einem anderen Hund, wenn ein fremder Mensch/Hund auftaucht u.v.m. Pfeifst du zum Beispiel nur, wenn gerade ein fremder Mensch/ein anderer Hund in Sicht ist, dann wird dein Hund ganz schnell diese interessanten Situationen mit dem Pfiff verknüpfen und im schlechtesten Fall schon von dir weglaufen und Ausschau nach der Umgebung halten, sobald du die Pfeife zückst und pfeifst. Das wäre schade um das schöne Zusammenspiel zwischen dir und deinem Hund.

KEINE BELOHNUNGEN MEHR

Benutzt du den Rückpfiff, dann folgt eine Belohnung, immer! Ob Futter, ein Spiel mit dir oder ein Spielzeug ist völlig egal. Was nicht passieren sollte ist, dass dein Hund kommt und dafür nichts erhält, das ihm Spaß macht und gute Gefühle erzeugt.

EMPFEHLUNG

Leg dir ein Trainingsbuch an, in dem du täglich notierst, wie viele Wiederholungen du bereits gemacht hast und in welchen Situationen du diese angewandt hast. So machst du deine Fortschritte sichtbar und siehst, wie schnell du eine hohe Anzahl an fehlerfreien Rückpfiffen du gemacht hast und ebenso, ob es mal wieder an der Zeit wäre, den Rückpfiff ins tägliche Training zu integrieren.

Schritt 5:

Rückruf im Alltag

Jetzt hast du wirklich alles an der Hand, was du für einen zuverlässigen und ganz sicher aufgebauten Rückruf, also Rückpfiff, benötigst.

Du startest nun damit immer und überall ohne Vorwarnung mitten im Alltag. Nutze den Einkaufsbummel, um in einer Einkaufspassage den Rückpfiff oder Rückruf zu trainieren. Dort eignet sich vor allem das „Komm mit, lauf weg"-Spiel ganz vom Anfang. Dazu benötigst du wenig Raum und es reichen ein paar Schritte. Es ist egal, ob dich die Leute dabei ansehen, denn aus eigener Erfahrung kann ich dir berichten: Die Menschen werden schauen, du wirst die Blicke auf dich ziehen. Allein das freudige Zusammenspiel zwischen dir und deinem Hund fasziniert die Menschen in deiner Umgebung. Die Leute werden stehenbleiben und zusehen, was du da machst und vor allem wie du das hinbekommst, dass dein Hund dir trotz hoher äußerer Ablenkung so aufmerksam zuhört. Ist dir die Einkaufspassage noch zu aufregend ist, dann nutze die Stadt draußen, große Plätze sowie breite Fußwege, damit du niemanden zum Stolpern bringst, wenn du plötzlich die Richtung wechselst. Frage bekannte Hundebesitzer, ob sie nicht Lust auf das Pfeifenspiel haben und trefft euch in der Stadt zum Üben. Genauso machen wir das auch. Genau dort, wo die Ablenkung groß ist und keiner damit rechnet, vor allem dein Hund zunächst nicht.

Weiterhin bist du nun gefragt nachzudenken, welche Alltagssituationen du dir für deinen Hund schaffen kannst, um den Rückruf überall zu trainieren und an dein persönliches Ziel zu kommen. Vielleicht kannst du an eine Stelle gehen, wo immer Katzen herumlaufen, von denen du deinen Hund zurückrufst. Oder du kannst dich an eine Hundespielwiese stellen, wo dein Hund sonst immer gerne hinwollte. Ebenso kannst du im Wald genau dort hingehen, wo es immer nach Wild riecht und dein Hund sich auf Spurensuche begeben möchte. Es kann jetzt also auch mal etwas anstrengend werden, wobei ihr den Spaß im Kopf behalten solltet. Stürz dich in alles rein, von dem du bisher dachtest, da zeigt dein Hund kein Interesse mehr an dir oder dem Rückruf.

1

2

3

4

5

1 Vereinbare nun gezielt Treffen mit Freunden.

2 Nutze jede Gelegenheit für ein kleines Training.

3 Sind fremde Hunde deine Herausforderung?

4 Dann übe genau das, sobald es geht.

5 Vergiss die Belohnungen nicht, ansonsten ist es kein Training.

Auch wenn du merkst, dass alles immer sicherer wird, lass dennoch die Leine an deinem Hund, damit nichts in den nächsten Monaten schiefgeht. Du musst sie aber nicht mehr ständig in der Hand halten, sondern dein Hund kann sie auch einfach hinter sich herschleifen. Nur im Notfall nimmst du das Ende in deine Hand. Kommst du in eine Situation, in der du das Gefühl hast, dass dein Hund oder du der Lage noch nicht gewachsen sein könnte, im Zweifel NICHT zurückrufen! Stelle dann bitte einfach einen anderen Versuch an, deinen Hund wieder zu dir zu bekommen.

Wichtig! Bitte mach die Leine noch nicht ab, NOCH nicht. Das kommt schon noch. Versprochen!

1 Wenn jeder den Rückruf kann, ist es auch aus dem Spiel kein Problem mehr.

2 Bleib immer freudig und werde niemals mürrisch beim Pfeifenspiel.

3 So klappt es mit Gelassenheit und Freude auf jeden Fall

1

2

3

POSITIVER EFFEKT AUF DIE LEINENFÜHRIGKEIT

Du wirst rasch einen positiven Begleiteffekt erleben. Dein Hund orientiert sich so schnell mit hoher Aufmerksamkeit an dir, dass es auch die Leinenführigkeit erleichtern kann. Sei aufmerksam und setze das Pfeifenspiel korrekt um. Wendet sich dein Hund von dir ab, dann reagiere sofort und wechsle die Richtung – Belohnungen nicht vergessen. Wenn du hier einige flotte Wiederholungen machst, hast du kein Problem mehr mit Themen wie fehlender Beachtung, sondern dein Hund wird sich prompt an dir orientieren.

Wenn du sichergestellt hast, dass du genügend Wiederholungen für einen sicheren Rückruf gemacht hast, kannst du ihn nun überall anwenden, aber nur, wenn du weißt, dass es klappen wird. Rufe oder pfeife nun dennoch weiter in einem spielerischen Modus, wo du es dir wünschst und vorstellen kannst. Die Leine wirst du später nicht mehr benötigen, aber erst dann, wenn du bei den vier Lernsäulen wirklich dort angekommen bist, wo alles belastbar ist und du nur noch dafür sorgen musst, dass der erlernte Reflex nachhaltig bleibt. Starte auch ohne Leine wieder wie in Schritt 1 des Pfeifenspiels und setze alle möglichen Varianten im Alltag um.

Und nun wünsche ich dir viel Spaß, Pfiff frei!

SPIELIDEEN

Ich werde dir hier noch einige Ideen beschreiben, wie du den Rückruf zu einem abwechslungsreichen Spiel machen kannst, bei dem nie Langeweile aufkommen wird.

Versteck dich

Eine Möglichkeit ist es, dass du beginnst, dich nicht mehr offensichtlich zu präsentieren, sondern beispielsweise bei schlechtem Wetter mit deiner Pfeife in deiner Wohnung an einen nicht ganz offensichtlichen Ort begibst und dann den Rückruf nutzt. Das Versteck sollte anfangs leicht sein und sich gerne nach und nach steigern, denn dein Hund braucht dringend das Erfolgserlebnis bei dir anzukommen und belohnt zu werden. Dennoch fördert es die Wachsamkeit und das Mitdenken deines Hundes, wenn er dich ein wenig suchen kann. Gleiches kannst du dann mit nach draußen nehmen, deinen Hund hinter einem Tor/Busch/Baum absetzen, dich auf eine Wiese dahinter hocken und ihn dann zurückrufen. Beachte dabei wieder den steigenden Schwierigkeitsgrad und starte auch hier langsam steigernd, damit immer das Erfolgserlebnis eintritt.

Komm mit, lauf weg – Leg dich hin/Sitz

Auch das „Komm mit und lauf weg"-Spiel kannst du nun um beliebige Elemente erweitern. Zum Beispiel kannst du losgehen, bei Abwendung deines Hundes den Rückruf nutzen, belohnen und ihn dann auf ein Kommando schnell sitzen oder sich hinlegen lassen. Dann beginnst du dich zu entfernen und dein Hund soll an der Stelle sitzen/liegen bleiben. Auf einige Entfernung rufst du ihn wieder zu dir. Die Belohnung kann hier schon das Laufen zu dir sein und es muss nicht zwangsläufig mehr jedes Kommen aus der Ferne zusätzlich bestätigt werden. Viele Hunde freuen sich über die Bewegung zu dir, sodass du die Belohnung nun etwas aufschieben kannst. Ist dein Hund bei dir angekommen, legst du ihn sofort schnell wieder hin, entfernst dich und rufst ihn wieder. Sollte dein Hund das Laufen nicht als Belohnung empfinden, setzt du auch hier wieder Futter oder ein Spiel ein.

Schnell wie der Wind

Dafür gehst du auf eine große Wiese. Du benötigst eine zweite Person, die deinen Hund bei sich hält. Die Leine kannst du für diese Übung abmachen. Stelle aber sicher, dass die Ablenkungen noch nicht zu hoch sind. Du entfernst dich so weit es nur geht, solange du deinen Hund gerade noch sehen kannst. Die zweite Person hält deinen Hund mit den Händen an der Brust zurück und gibt dabei ruhig etwas Druck auf die Brust. Wenn du rufst, hebst du kurz die Hand, damit dein Begleiter weiß, dass er den Hund nun loslassen kann. Dein Hund sollte so schnell es geht zu dir kommen. Je weiter du weg bist, umso schneller wird er kommen.

Über Kreuz laufen

Wenn du einen Freund hast, der auch mit dem Pfeifenspiel arbeitet, dann legt eure Hunde wie in einem Viereck an die Ecken und stellt euch diagonal gegenüber. Setzt euren Pfiff ab, jeder zeitgleich, und lasst eure Hunde diagonal zu euch rennen. Bei Fortgeschrittenen mit dem gleichem Pfiff, pfeift nur eine Person und jeder Hund kommt zu seinem Besitzer. Zur Sicherung hier anfangs die Leinen verwenden und mit geringem Abstand beginnen.

Hin und Her

Wenn ihr mehrere Personen seid, die zusammengehören, dann könnt ihr euren Hund hin- und herpfeifen, wobei jeder seine eigene Pfeife nutzt, die im Ton natürlich gleich klingen.

Rückruf Ball/Frisbee

Nun nutzt du mehrere gleiche Spielzeuge, zwei Bälle oder zwei Frisbees. Sobald du das eine Spielzeug geworfen hast, kannst du dir überlegen, ob dein Hund die Beute erreichen darf und du den Rückruf nutzt, damit er mit Beute zurückkommt, oder ob du in der Variante für Fortgeschrittene deinen Hund schon vor Erreichen der Beute zurückpfeifen wirst, sodass er die Belohnung anschließend über das zweite Spielzeug bei dir bekommt. Nutze diese Varianten auch gerne abwechselnd – mal darf dein Hund hin, mal soll er vor Erreichen des Flugobjekts abdrehen und zu dir kommen.

Alltagshelfer

Sollte dein Hund in alltäglichen Situationen noch schnell abzulenken sein, beispielsweise an neuen Orten, wo du deinen Hund aus dem Auto aussteigen lässt, dann öffne die Autotür und sobald dein Hund ausgestiegen ist, kommt sofort dein Pfiff, damit dein Hund gleich wieder bei dir ankommt. Weiter geht's mit einem kurzen „Komm mit, lauf weg"-Spiel. Wenn du das mehrmals an vielen verschiedenen Orten machst, wirst du schnell einen ganz aufmerksamen Hund haben.

Stimmen zum Pfeifenspiel

Selina Vier und Carry

Was für ein tolles Gefühl, wenn der Rückpfiff im Notfall sitzt! Wir sind in der Stadt im Dunkeln bei Schneewetter unterwegs. An einem Wiesenstück lasse ich Carry in die Freizeit, gesichert über eine Schleppleine. Aus Freude über den Schnee fängt sie an hin und her zu flitzen. Dabei geht die Leine etwas auf Zug, was in der Freizeit eigentlich kein Problem ist, aber die Leine reißt. Carry flitzt weiter, währenddessen die Sorge in meinem Kopf, was alles passieren könnte. Die naheliegende Straße, die anderen Hunde auf der Wiese etc.

Mit einem Abbruch die Freizeit zu beenden wäre eine Möglichkeit gewesen. Ihre Erregung war allerdings so hoch, dass mein Bauchgefühl mir davon abgeraten hat. Ich hätte den Abbruch auf die Entfernung schlecht durchsetzen können, wenn sie nicht wie erhofft reagiert hätte. Zum Glück hatte ich meine Pfeife dabei. Das Pfeifenspiel liebt Carry total (genau wie ich). Im Gegensatz zu vielen anderen gemeinsamen Aktivitäten, für die sie eher schwer zu begeistern ist, war sie hier von den ersten Schritten an total motiviert bei der Sache. Nach vielen fehlerfreien Wiederholungen dank der klaren Handlungsschritte, wage ich mich nun, den Rückpfiff auch im Alltag „anzuwenden" – mit Erfolg!

Also habe ich gepfiffen. Carry hat auf der Stelle kehrt gemacht und kam zu mir gerannt wie eine Rakete. Mir viel ein Stein vom Herzen und ich war unglaublich stolz. Nach der Belohnung habe ich den übrigen Leinenschnipsel an ihr festgebunden und wir sind beruhigt nach Hause.

Aus der Situation habe ich zwei wichtige Erkenntnisse für mich mitgenommen:

1. Es war gut, den Pfiff so kleinschrittig und spielerisch über einen langen Zeitraum aufzubauen, da die Reaktion darauf nun wie ein Reflex ist und nicht mehr hinterfragt wird.
2. Mich niemals nur auf die Leine zu verlassen sondern sich immer selbst einzubringen.

Vielen Dank für dieses wertvolle Werkzeug!

Selina, Philipp und Carry

Sandy, Steffen und Somi

Sandy mit Somi

Alles tanzt nach meiner Pfeife? Ja, vor allem mit Freude und Begeisterung!
Das ist eine wunderbare Überraschung. Dem Hund etwas anbieten zu können, das ihn sinnvoll beschäftigt, körperlich und mental positiv herausfordert, ist großartig. Dass uns das Pfeifenspiel dabei auf verschiedenen Ebenen ein Zugewinn werden würde, hatten wir nicht angenommen. Für uns stand im Vordergrund – safety first. Wir wollen, dass unsere Hündin Somi zu jeder Zeit abrufbar ist, wir sie sicher führen können. Relativ schnell, bereits nach wenigen Rückpfiffen, zeigte sich die Entwicklung besonders in „reizenden“ Situationen, die ihr Hütehundwesen animieren. Sie reagiert schneller auf uns, lässt ab, wendet sich uns zu. Manchmal ist sie bereits zurück, bevor wir überhaupt pfeifen können, allein die Pfeife in der Hand reicht aus.
Was unerwartet war und uns immer wieder neu berührt, ist die Veränderung in unserer Beziehung. Wir sind liebevoller miteinander verbunden, ohne Druck, mit ganz viel Freiwilligkeit. Unser gegenseitiges Vertrauen wächst.
Auch beim Pfeifenspiel will der Preis mit Fleiß errungen werden. Regelmäßige tägliche Wiederholungen helfen uns, alles zu festigen, genauso wie Erfolge auf der Strichliste zu sammeln. Dann kann es leicht werden, spielerisch, immer wieder von Neuem schön und erfüllend. Für uns ist das Pfeifenspiel „Beziehungsklebstoff“ für das gemeinsame Leben. das ist es, was unser Zusammenleben mit unserer Somi unglaublich bereichert hat.

Anne mit Finou

Meine Finou und ich sind ein gutes Team und wir wachsen jeden Tag miteinander – und zusammen. Seit knapp 1,5 Jahren werden wir auf unserem Weg von Nancy und Kai tatkräftig unterstützt und begleitet , die 5er-Basis ist genau unser Ding und passt zu uns. Auf dieser Grundlage haben wir so viel gelernt, Finou ist ein so toller Hund geworden und meistert den Alltag größtenteils wirklich entspannt, darauf sind wir stolz. Mir war immer Bindung, Motivation und ein entspannter Alltag im Miteinander wichtig. Am liebsten möchte ich die Leine am Haken lassen und mich mit meinem Hund frei bewegen können. Ich bin aber ein sehr sicherheitsbedürftiger Typ, das heißt z. B. bei Spaziergängen im Freilauf hatte ich immer eine gewisse Sorge, ob ich Finou im Bedarfsfall schnell und sicher genug zurückrufen kann, egal, was kommt. Ich scannte die Umgebung wie ein Radar, um mögliche Gefahren oder Verlockungen eher zu entdecken als sie. Das war sehr anstrengend und wird meinem tollen Elo-Mädchen nicht gerecht. Und dann haben wir das Pfeifenspiel für uns entdeckt! Der Anfang ging so schnell, erforderte kein langes Ranführen oder Einüben, es war so simpel, der Spaß ging sofort los. Man muss kein Profi sein – nur schnell … Und ja, die Betonung liegt auf SPIEL, es macht Laune für Hund und Mensch und ist kein „Drill“ wie bei Manchem früher im Sportunterricht, wie die Pfeife vielleicht vermuten lässt. Es ist herrlich anzusehen, wie mein Fellball beim Pfiff mit der hübschen roten Pfeife voller Elan und mit Schwung angerannt kommt und manchmal sogar noch mit dem Kopf an meinem Bein klebt! Finou, sonst eher von der gemütlicheren Sorte, ist freudig und munter dabei. Das begeistert uns. Sie ist so bei mir, dass ich manchmal gar nicht weiß, wann ich sie eigentlich zurückrufen soll.

Wir spielen mit der Pfeife mal eben vor einer schönen Runde oder einfach mittendrin, egal wo. Das ergab gleich noch den Bonus, dass Finou beim gemeinsamen Gehen noch mehr bei mir und viel aufmerksamer ist, Ablenkungen sind unwichtiger und werden schon mal „übersehen“, weil der Blick auf mir liegt. Das gemeinsame Pfeifenspiel hat uns jetzt schon viel gebracht, auch für andere Situationen im Alltag, ganz unabhängig von dem eigentlichen Ziel des sicheren Rückrufs. Wir sind natürlich noch nicht an der Ziellinie, aber unser Weg dahin ist Beziehung und stärkt das Band zwischern uns, es lässt das Vertrauen darin wachsen, dass Finou und ich uns immer zu 100 Prozent aufeinander verlassen können.

Anne mit Finou

Laura mit Luna und Malou

Das Pfeifenspiel ist für mich und mein liebevolles Mutter-Tochter-Gespann eine große Bereicherung, da es für uns eine gut verständliche und schnell erlernbare Alternative zu bisherigen Kommandos darstellt. Ein weiterer Vorteil liegt im Ansprechen beider Hunde gleichzeitig mit einem Signal. Luna und Malou mit neun Jahren Altersunterschied zeigen ein vergleichbares Lernverhalten trotz des unterschiedlichen Erfahrungsschatzes, das zu Sicherheit, Freude und Spaß in unserer gegenseitigen engen und vertrauensvollen Alltagsbeziehung führt. Das Pfeifenspiel gibt mir das Gefühl einer mentalen Leine, die jederzeit einsetzbar ist. Zusammenfassend ist es ein wunderbares, essentielles und schnell erlernbares Tool, was die Bindung zu meinen Hündinnen weiter vertieft.

Laura mit dem Mutter-Tochter-Gespann Luna und Malou

Solveigh mit Lani

„Das Pfeifenspiel – gemacht, damit du es nicht brauchst." Klingt komisch, ist aber so. Als ich diese Worte zum ersten Mal las, wurde ich neugierig. Als Ersthundebesitzer begleiten einen ja viele Zweifel und Unsicherheiten, aber mit Nancy und Kai begab ich mich in eine neue Welt und zwar Schritt für Schritt mit einem Plan. In ihrer Akademie, ein Meisterwerk an Wissen, bin ich fast von Anfang an und es ist ein mega Leitfaden für die Hundeerziehung, im Hundetraining und zum gemeinsamen Spaß. Es gibt so unzählig viele Videos, Tipps und Schritt-für-Schritt-Anleitungen, darunter auch „das Pfeifenspiel". Hier wird in ein paar Schritten erklärt, wie man zu einem sicheren Rückruf gelangt. Und zwar gemeinsam, mit viel Spaß. Auch Fehlerquellen und Fallstricke werden gezeigt oder genannt, was mir immer besondere Aha-Momente schenkt. Eine schöne Sache. Wir haben es noch nicht geschafft, alle Schritte durchzuarbeiten. Aber Lani weiß inzwischen auch bei Schritt 2 schon sehr genau, wenn ich mir die Pfeife nur umhänge, was passieren wird, und ist direkt viel aufmerksamer und voll bei mir.
Ich kann es jedem nur empfehlen, sich auf diesen Weg zu begeben. Sich einen richtig guten Plan wie das Pfeifenspiel zu nehmen, loszulegen und große Fortschritte beim Rückruf zu machen.

Solveigh mit Lani

Zum Schluss

EIN KLEINES DANKESCHÖN VON KAI HARTMANN

Liebe Nancy,

ich erinnere mich noch heute an unseren ersten Termin. Da standest du in Sportsachen mit diesem „Weltklasse-Hund“ an deiner Seite. Damals war er noch etwas unförmig. Vorne gertenschlank und hinten Model Bierkasten. Der kleine Stummelschwanz wippte schon da ganz munter auf und ab. Das täuschte allerdings nicht darüber hinweg, dass er schon damals sein festes Wesen präsentierte. Prof. Frodo – dein Krieger. Dabei war er dir immer zugewandt, mit seinem riesengroßen Herzen und einer mentalen Stärke, die ich schon zehn Meter gegen den Wind gespürt habe.

Du und Frodo – ein tolles Team

So haben wir uns kennengelernt. Was mich allerdings noch viel mehr begeistert hat, als dieser tolle Hund – das warst du. Ganz klar und auf den Punkt hast du deinen Wunsch und dein Ziel damals formuliert. „Ich möchte, dass ich mit Frodo überall frei laufen kann. Ich will, dass er mich ganz oft begleiten kann. Er soll sich an mir orientieren. Wir wollen gemeinsam durchs Leben gehen.“ Wie wunderbar!

Genau diese Ziele hast du dann mit absoluter Hartnäckigkeit verfolgt. Wieder und wieder hast du mich gelöchert, was du ganz genau tun sollst. Und ab diesem Punkt wird es nun ganz spannend. Ich habe dir gezeigt und erklärt, was zu tun ist. Frodo hat es sofort exzellent umgesetzt und es hielt auch noch einige Tage nach unseren Terminen an. Oft hast du mir berichtet, er ist wie ausgewechselt. Das hat mich unheimlich gefreut. Hattet ihr doch auch so einige kleine Themen zu besprechen mit hoher Durchschlagskraft. Manchmal hat Frodo echt ein bisschen „den

Kai und Mc Dreamy

Macker raushängen lassen" und von einem gemeinsam Gehen ohne Leine war in vielen Situationen noch keine Rede.
Für mich war also völlig klar, wie gehandelt werden muss. Es hat auch einwandfrei funktioniert. ABER – du konntest es nicht selbstständig umsetzen. Warum? Weil ich in meiner Hundewelt gefangen war und es nicht gut vermitteln konnte. Ein guter Könner ist eben noch lange kein guter Lehrer.
Da war er unser Verbindungsknoten. Neben vielen Gesprächen um Gott und die Welt, drehte sich täglich alles um die Hunde. Fast täglich haben wir zusammengehockt, zwischendurch noch telefoniert. Wir waren nicht mehr zu trennen. Dadurch stellte sich schnell raus, wo es hängt. Genau an diesem Punkt hast du jetzt mich unterstützt. Du hast mich bei all meinen Terminen begleitet und mir hinterher immer ein ganz deutliches und ehrliches Feedback gegeben. Damit wurde ich immer besser. Ich konnte mein Wissen immer besser den Hundefreunden vermitteln. Du hast mich damit besser und besser und viel wertvoller für die ganze Hundewelt gemacht.

Dein waches Auge

Dabei hast du auch ganz viel aufgesaugt. Hinterfragt, verworfen und mit deiner einzigartigen, empathischen Art umgesetzt. Es wurde klar, was fehlt. Eine Stärkenentwicklerin, die an Punkten angreift, die so überhaupt nichts mit Erziehung und Ausbildung

Die ganze Meute zu Beginn
mit Santa und Tabby

der Hunde zu tun haben. Mit dieser Idee warst du der Zeit weit voraus. Viel zu weit. Doch dazu später noch mehr.
Hundefreunde, die mich um Rat fragten, kamen jetzt plötzlich viel besser zum Erfolg. Ich konnte es endlich nachhaltiger vermitteln. Ein Verständnis setzte ein. Und eines Tages habe ich dich dann mal ins kalte Wasser geschubst. Du hast die ersten Teams in Seminaren begleitet. Dabei hast du Blut geleckt. Ein toller Schubser war das, so im Nachhinein betrachtet.

Gott sei Dank hast du auch Blut geleckt. So führte dich dein Weg dann schnell erfolgreich in die Welt der „wahnsinnigen" Hundelehrer. Lehrerin, das warst du ja schon. Deine Klasse hattest du großartig im Griff. Auch da konnten dich deine Hunde – mittlerweile war Dr. Bolle noch bei Prof. Frodo eingezogen – in der Schule begleiten. Einen weiteren Wunsch hattest du dir hart erarbeitet. Deine Hunde sollten dich oft begleiten können. Konnten sie und das sogar ganz wunderbar.
Es gäbe noch so viel schreiben. Aber an dieser Stelle soll es reichen.

Ich möchte dir hier schon mal DANKESCHÖN sagen. Ohne dich wäre auch ich bei Weitem noch nicht da, wo ich jetzt stehe. Wir haben uns perfekt gegenseitig ergänzt und inspiriert.
Und nun lese ich deine Zeilen. Dein erstes eigenes Buch und wieder einmal hast du weiterentwickelt, getüftelt und alles mit deiner eigenen „Nancy-Note" versehen. So ist aus dem trocknen Konzept des Rückrufs mit der Pfeife ein Pfeifenspiel geworden, was aber nicht nur stumpf Handlungsschritte vermittelt. Nein, es macht viel mehr. Du erklärst, vermittelst und schaffst damit ein Verständnis, dass es hoffentlich vielen Hundefreunden ermöglichen wird, ganz hart am Pfiff zu bleiben, und das trotzdem mit viel Spaß am Hund und an der Sache. Nur wer versteht, entwickelt eben auch ein Verstandnis.
Mittlerweile hast du deine Passion gefunden. Du hast deinen Weg zur Expertin für Welpen und Junghunde eingeschlagen. Dabei bist du in unserer gemeinsamen Arbeit ein fester Pfeiler geworden. Du bist nicht mehr wegzudenken und unersetzbar geworden.

Oft schaue ich neidvoll auf die Teams, die du schon seit Welpenbeinen an begleitest. Unbeschreiblich, was du da leistest und welche tolle Verwandlung und Entwicklung gerade die Menschen da so hinlegen. Und damit schließt sich jetzt auch der Kreis der Stärkenentwicklerin. Du machst die Menschen stark, damit sie dann selbst ihre Hunde stark machen und sicher durch das Leben führen können.

Pfiff frei

Jetzt bleibt mir nur noch übrig, deinem Buch ganz viel Erfolg zu wünschen. Möge es ganz viel erklären und helfen, dass der sichere Rückruf vielen, vielen Hunden ermöglicht, wirklich Hund sein zu dürfen. Bietet diese Sicherheit doch genau damit die Möglichkeit, dass der Hund eine ganz hohe Qualität in seiner Freizeit genießen kann. Diese wunderbare Verbindlichkeit und auch Klarheit, mit der du dieses Buch verfasst hast, wird dieses Zitat erlebbar machen: „Wir trainieren das Pfeifenspiel, damit wir es nicht brauchen!" Klingt zwar komisch, es ist aber genau so. Dazu lieferst du noch ein ganz tolles Vorbild mit Prof. Frodo, Dr. Bolle und mittlerweilen auch noch mit Räubertochter Liesbeth. Gemeinsam zeigt ihr allen Hundefreunden, wie das so geht mit der harmonischen Mensch-Hund-Verbindung. Schön, euch immer wieder so entspannt im Alltag zu erleben. Ich beobachte euch, bleibe euch immer verbunden und bin sehr gespannt, wohin euer Weg euch noch gemeinsam führen wird. Ja ja, diese einfachen Hunde. Genau das sind sie nicht. Du schaffst es, drei sehr unterschiedliche Charaktere unter einen Hut zu bringen und daraus hast du eine ganz feste und gesellige Gruppe geformt. Jeder findet darin seinen Platz und trotzdem können sich alle nach ihren individuellen Stärken entfalten. Du schaffst es, als Vertrauensperson immer alles in einer gesunden Waage auszubalancieren. Diese Balance gibst du täglich weiter, vermittelst du mit viel Herzblut und mit einer ganz besonderen Empathie, die dich so unbeschreiblich macht.

Herzlich und ganz liebe Grüße
dein Kai

Service

MEINE LESEEMPFEHLUNGEN

An dieser Stelle möchte ich dir noch einige Bücher ans Herz legen. Damit kannst du im Selbststudium weitere Inspirationen für dich mitnehmen für dein tolles Hundeleben. Ich wünsche dir gute Unterhaltung.

José Arce – **Mensch & Hund.** Durch Verantwortung Liebe und Sicherheit schenken.

Anne Krüger-Degener – **Wenn Hunde uns vertrauen.** Missverständnisse vermeiden mit der HarmoniLogie®.

Vanessa Engelstädter – **Resilienz bei Hunden.** Hunde im Inneren stärken.

Dr. Udo Gansloßer, Mechthild Käufer – **Auszeit auf Augenhöhe.** Mensch-Hund-Spiel.

Maren Grote – **Hunde lesen lernen.** Hundeverhalten praxisnah erklärt.

Ursula Löckenhoff – **Raumdenken® in der Hundeerziehung.** Erziehungshilfe über Raumvorgaben.

Kai Hartmann: **Hundeerziehung mit der 5er-Basis.** Klar kommunizieren, freudig erziehen, verlässlich führen.

Kai Hartmannn Nancy Wendler – **Das Feine Führen.** Hunde über Körpersprache erfolgreich führen.

NÜTZLICHE LINKS

Hundetrainerin Nancy Wendler
info@nancywendler.de
www.nancywendler.de
www.instagram.com/nancys_hundebande

Hundetrainer Kai Hartmann
info@hundetrainer-dd.de
www.hundetrainer-dd.de
www.instagram.com/kai.hartmann.hund

REGISTER

BILDNACHWEIS

138 wurden von Tobias Roetsch/Kosmos extra für dieses Buch aufgenommen. Weitere Farfotos von Sissy Roetsch (S. 2rechts, S. 48/49, S. 64/65) und Yvonne Weihrich (S. 54/55, S. 83, S. 114, S. 124)

IMPRESSUM

Umschlaggestaltung von GRAMISCI Editorialdesign, Isabelle Fischer unter Verwendung von Farbfotos von Tobias Roetsch/Kosmos (U1, U4, vordere äußere Klappe) und Yvonne Weihrich (hintere äußere Klappe und hintere innere Klappe)

Mit 150 Farbfotos.

Unser gesamtes Programm finden Sie unter **kosmos.de.**
Über Neuigkeiten informieren Sie regelmäßig unsere Newsletter, einfach anmelden unter **kosmos.de/newsletter**

Gedruckt auf chlorfrei gebleichtem Papier

ISBN 978-3-440-17816-4
Redaktion: Ute-Kristin Schmalfuß
Gestaltung und Satz: Atelier Krohmer, Dettingen/Erms
Produktion: Angela List
Druck und Bindung: Westermann Druck Zwickau GmbH, Zwickau
Printed in Germany / Imprimé en Allemagne

FSC
www.fsc.org
MIX
Papier | Fördert gute Waldnutzung
FSC® C110508